面向"十二五"高职高专规划教材
国家骨干高职院校建设项目课程改革研究成果

电气图纸的识绘

DIANQI TUZHI DE SHIHUI

主　编　孟建平　刘建英
副主编　贺　敬　任晓丹　李　娜
主　审　李尚宏　张　帆

北京理工大学出版社
BEIJING INSTITUTE OF TECHNOLOGY PRESS

版权专有　侵权必究

图书在版编目（CIP）数据

电气图纸的识绘 / 孟建平，刘建英主编 . —北京：北京理工大学出版社，2014.8（2020.1 重印）

ISBN 978-7-5640-8924-5

Ⅰ. ①电… Ⅱ. ①孟… ②刘… Ⅲ. ①电气制图-高等学校-教材 Ⅳ. ①TM02

中国版本图书馆 CIP 数据核字（2014）第 038341 号

出版发行	/ 北京理工大学出版社有限责任公司
社　　址	/ 北京市海淀区中关村南大街 5 号
邮　　编	/ 100081
电　　话	/（010）68914775（总编室）
	82562903（教材售后服务热线）
	68948351（其他图书服务热线）
网　　址	/ http：//www.bitpress.com.cn
经　　销	/ 全国各地新华书店
印　　刷	/ 北京虎彩文化传播有限公司
开　　本	/ 710 毫米 × 1000 毫米　1/16
印　　张	/ 11.5
字　　数	/ 196 千字
版　　次	/ 2014 年 8 月第 1 版　2020 年 1 月第 4 次印刷
定　　价	/ 29.00 元

责任编辑 / 张慧峰
文案编辑 / 张慧峰
责任校对 / 孟祥敬
责任印制 / 王美丽

图书出现印装质量问题，请拨打售后服务热线，本社负责调换

内蒙古机电职业技术学院
国家骨干高职院校建设项目"电力系统自动化技术专业"
教材编辑委员会

主　任　白陪珠　内蒙古自治区经济和信息化委员会　副主任
　　　　　　　　　　内蒙古机电职业技术学院校企合作发展理事会　理事长
　　　　　张美清　内蒙古机电职业技术学院　院长
　　　　　　　　　　内蒙古机电职业技术学院校企合作发展理事会　常务副理事长

副主任　张　德　内蒙古自治区经济和信息化委员会电力处　处长
　　　　　　　　　　校企合作发展理事会电力分会　理事长
　　　　　张　鹏　内蒙古电力科学研究院高压所　所长
　　　　　林兆明　内蒙古京隆发电有限责任公司　纪委书记
　　　　　王大平　内蒙古电力学校　校长
　　　　　张　华　包头市供电局550kV变电管理处　副处长
　　　　　刘利平　内蒙古神华亿利能源有限公司　总经理
　　　　　接建鹏　内蒙古电力科学研究院计划部　副部长
　　　　　孙喜平　内蒙古机电职业技术学院　副院长
　　　　　　　　　　内蒙古机电职业技术学院校企合作发展理事会　秘书长

委　员　董学斌　　　　　　　　包头供电局高新变电站
　　　　　陈立平　杨秀林　　　　内蒙古神华亿利能源有限公司
　　　　　刘鹏飞　赵建利　　　　内蒙古电力科学研究院
　　　　　李俊勇　　　　　　　　内蒙古国电能源投资有限公司准大发电厂
　　　　　邢笑岩　李尚宏　齐建军　内蒙古京隆发电有限责任公司
　　　　　马海江　　　　　　　　鄂尔多斯电力冶金股份有限公司
　　　　　王靖宇　　　　　　　　内蒙古永胜域500kV变电站
　　　　　毛爱英　　　　　　　　中电投蒙东能源集团公司——通辽发电总厂
　　　　　吴　岩　　　　　　　　内蒙古霍煤鸿俊铝电有限公司
　　　　　徐正清　　　　　　　　中国电力科学研究院
　　　　　王金旺　刘建英　　　　内蒙古机电职业技术学院

秘　书　李炳泉　　　　　　　　北京理工大学出版社

序 PROLOGUE

从 20 世纪 80 年代至今的三十多年，我国的经济发展取得了令世界惊奇和赞叹的巨大成就。在这三十年里，中国高等职业教育经历了曲曲折折、起起伏伏的不平凡的发展历程。从高等教育的辅助和配角地位，逐渐成为高等教育的重要组成部分，成为实现中国高等教育大众化的生力军，成为培养中国经济发展、产业升级换代迫切需要的高素质高级技能型专门人才的主力军，成为中国高等教育发展不可替代的半壁江山，在中国高等教育和经济社会发展中扮演着越来越重要的角色，发挥着越来越重要的作用。

为了推动高等职业教育的现代化进程，2010 年，教育部、财政部在国家示范高职院校建设的基础上，新增 100 所骨干高职院校建设计划（《教育部财政部在关于进一步推进"国家示范性高等职业院校建设计划"实施工作的通知》教高 [2010] 8 号）。我院抢抓机遇，迎难而上，经过申报选拔，被教育部、财政部批准为全国百所"国家示范性高等职业院校建设计划"骨干高职院校立项建设单位之一，其中机电一体化技术（能源方向）、电力系统自动化技术、电厂热能动力装置、冶金技术 4 个专业为中央财政支持建设的重点专业，机械制造与自动化、水利水电建筑工程、汽车电子技术 3 个专业为地方财政支持建设的重点专业。

经过三年的建设与发展，我院校企合作体制机制得到创新，专业建设和课程改革得到加强，人才培养模式不断完善，人才培养质量得到提高，学院主动适应区域经济发展的能力不断提升，呈现出蓬勃发展的良好局面。建设期间，成立了由政府有关部门、企业和学院参加的校企合作发展理事会和二

电气图纸的识绘

级专业分会,构建了"理事会——二级专业分会——校企合作工作站"的运行组织体系,形成了学院与企业人才共育、过程共管、成果共享、责任共担的紧密型合作办学体制机制。各专业积极与企业合作,适应内蒙古自治区产业结构升级需要,建立与市场需求联动的专业优化调整机制,及时调整了部分专业结构;同时与企业合作开发课程,改革课程体系和教学内容;与企业技术人员合作编写教材,编写了一大批与企业生产实际紧密结合的教材和讲义。这些教材、讲义在教学实践中,受到老师和学生的好评,普遍认为理论适度,案例充实,应用性强。随着教学的不断深入,经过老师们的精心修改和进一步整理,汇编成册,付梓出版。相信这些汇聚了一线教学、工程技术人员心血的教材的出版和推广应用,一定会对高职人才的培养起到积极的作用。

在本套教材出版之际,感谢辛勤工作的所有参编人员和各位专家!

内蒙古机电职业技术学院院长

前 言
PREFACE

随着我国经济的迅速发展，电力电气设备也随之增加，各种电子电路越来越复杂，技术含量也越来越高，看图的难度也越来越大。

电气图是电气技术人员进行技术交流和生产活动的"语言"，是电气技术中应用最为广泛的技术资料，是设计、生产、维修人员进行技术交流不可缺少的手段。通过对电气图的识读、分析，能帮助人们了解电气设备的工作过程及原理，从而更好地使用、维护这些电气设备；在故障出现的时候能够迅速查找出故障的根源，并进行维修。

本书对电力系统中常遇到的电气图做了具体分析，适用于具有一定电工知识的电工爱好者自学，也可作为本、专科相关专业的教学参考书，亦可供电气技术人员参考。

本书以典型任务为驱动，服务于"做、学、教"一体化教学和学习模式为指导思想，结合电力系统自动化专业的人才培养方案来规划教材的格式和内容。本书将全部内容划分为5个项目，每个项目又包含了不同的工作任务。在本书的编写过程中，编者力求做到语言流畅，内容由浅入深，层次清晰，任务典型，重点难点突出。

本书共分5个项目，内容包括电气图纸的认识、低压电气图的识绘、接线图和电气位置图的识读、系统框图及一次主接线图的识绘和二次电路图的识读。

本书从生产实际出发，以任务驱动的方式介绍了电气的基本知识，内容力求深入浅出、从企业的实际出发，突出实用性，注重培养学生分析问题和解决问题的能力，可供电气设备维修时参考。

本书由孟建平、刘建英担任主编，由贺敬、任晓丹和李娜担任副主编。其中，项目一和项目二由孟建平编写，项目三和项目四由刘建英编写，项目

电气图纸的识绘

五由贺敬和任晓丹编写。李尚宏和张帆对全书进行了耐心细致的审阅,编者对他们的辛勤劳动和热情帮助,表示衷心感谢。同时本书也参考了许多专家、学者的著作和一些重要的文献,在此一并致以诚挚的谢意!

编者本着认真负责的态度,尽可能将错误率降到最低。由于编者的水平有限,书中难免存在不当之处,恳请读者批评指正。

编 者

目 录
Contents

项目一　电气图纸的认识 …………………………………………………… 1
　　任务一　电气图纸、图线的识读 ………………………………………… 1
　　任务二　电气图中图形符号、文字符号和项目代号的识读 ………… 25
　　任务三　识读电气图的基本表示方法 ………………………………… 47

项目二　低压电气图的识绘 ………………………………………………… 63
　　任务一　电机点动、长动控制线路的识绘 …………………………… 63
　　任务二　电机顺序启动、停止控制线路的识绘 ……………………… 84

项目三　接线图和电气位置图的识读 …………………………………… 88
　　任务一　电气接线图的识读 …………………………………………… 88
　　任务二　电气位置图的识读 …………………………………………… 99

项目四　系统框图及一次主接线图的识绘 ……………………………… 104
　　任务一　单母线主接线图的识绘 ……………………………………… 104
　　任务二　双母线主接线图的识绘 ……………………………………… 134
　　任务三　一台半主接线图的识绘 ……………………………………… 140

项目五　二次回路图的识读 ·················· 150
　　任务一　二次回路图的认识 ················ 150
　　任务二　二次回路图的识读 ················ 166

参考文献 ····························· 173

项目一

电气图纸的认识

学习目标

1. 掌握电气图的概念、分类;
2. 熟悉电气图纸识绘的相关国家标准;
3. 掌握电气制图的一般规则;
4. 具有识别图纸大小的能力,能读懂各种图线的含义;
5. 掌握简图的布局方法。

任务一 电气图纸、图线的识读

引言

从事电气相关工作时,不可避免地要接触到一些图纸。图纸是反映什么内容的?图纸的大小,标题栏中反映了什么信息?在电气图中常用哪些图线?本任务就是以解决这些问题为起点而设计的。

学习目标

(1) 能认识所给图纸的大小,能获取图纸中标题栏及明细栏中的相关信息。

(2) 熟悉电气图纸识绘的相关国家标准。

过程描述

(1) 图纸的准备。为学生准备两幅不同幅面大小的图纸,一份电气原理图,一份接线图。

(2) 图纸的识读。读两幅电气图,学习图纸中涉及的相关概念、名称以及电气图纸的分类。

过程分析

初次接触图纸，主要以认识为主，认识标题栏、明细栏、图幅的分区情况，了解电气图纸识绘的相关国家标准。

新知识储备

一、电气图的概念

电气图是用各种电气符号、带注释的图框、简化的外形表示电气系统、装置和设备各组成部分的相互关系及连接关系，用以说明其功能、用途、工作原理、安装和使用信息的一种图。

二、电气图的分类

电气图是电气工程中各部门进行沟通、交流信息的载体，由于电气图所表达的对象不同，提供信息的类型及表达方式也不同，这样就使得电气图具有多样性。同一套电气设备，可以有不同类型的电气图，以适应不同使用对象的要求。对于供配电设备来说，电气图主要是指一次回路和二次回路的电路图。但要表示清楚一项电气工程或一种电气设备的功能、用途、工作原理、安装和使用方法等，仅有这两种图是不够的。例如，表示系统的规模、整体方案、组成情况、主要特性，需用概略图；表示系统的工作原理、工作流程和分析电路特性，需用电路图；表示元件之间的关系、连接方式和特点，需用接线图。在数字电路中，由于各种数字集成电路的应用，使电路能实现逻辑功能，因此又有反映集成电路逻辑功能的逻辑图。

根据各电气图所表示的电气设备、工程内容及表达形式的不同，电气图通常可分为以下几类。

1. 系统图和框图

系统图或框图（也称概略图）就是用符号或带注释的框概略表示系统或分系统的基本组成、相互关系及其主要特征的一种简图。它通常是某一系统、某一装置或某一成套设计图中的第一张图样。系统图或框图可分层次绘制，可参照绘图对象的逐级分解来划分层次。它还可以作为教学、训练、操作和维修的基础文件，使人们对系统、装置、设备等有一个概略的了解，为进一步编制详细的技术文件以及绘制电路图、接线图和逻辑图等提供依据，也为进行有关计算、选择导线和电气设备等提供了重要依据。电气系统图和框图原则上没有区别。在实际使用时，电气系统图通常用于系统或成套装置，框图则用于分系统或设备。系统图或框图布局采用功能布局法，能清楚地表达过程和信息的流向，为便于识图，控制信号流向与过程流向应互相垂直。系统图或框图的基本形式如下所述。

（1）用一般符号表示的系统图。

这种系统图通常采用单线表示法绘制。例如，电动机的主电路如图1-1所示，它表示了主电路的供电关系，它的供电过程是由电源三相交流电→开关QS→熔断器FU→接触器KM→热继电器热元件FR→电动机M。又如，某供电系统如图1-2所示，表示这个变电所把10 kV电压通过变压器变换为380 V电压，经断路器QF和母线后通过FU1、FU2、FU3分别供给三条支路。系统图或框图常用来表示整个工程或其中某一项目的供电方式和电能输送关系，也可表示某一装置或设备各主要组成部分的关系。

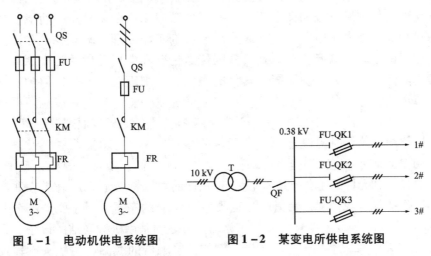

图1-1 电动机供电系统图　　图1-2 某变电所供电系统图

（2）框图。

对于较为复杂的电子设备，除了电路原理图之外，往往还会用到电路方框图。

例如，示波器由一只示波管和为示波管提供各种信号的电路组成。在示波器的控制面板上设有一些输入插座和控制键钮。测量用的探头通过电缆和插头与示波器输入端子相连。示波器的种类较多，但基本原理与结构基本相似，一般由垂直偏转系统、水平偏转系统、辅助电路、电源及示波管电路组成。通用示波器结构框图如图1-3所示。

电路方框图和电路原理图相比，包含的电路信息比较少。实际应用中，根据电路方框图是无法弄清楚电子设备的具体电路的，它只能作为分析复杂电子设备电路的辅助手段。

4　电气图纸的识绘

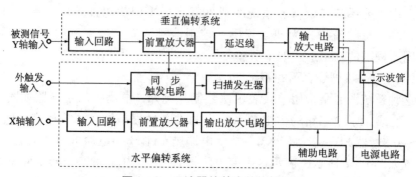

图1-3　示波器的基本结构框图

2. 电路图

电路图是以电路的工作原理及阅读和分析电路方便为原则的，用国家统一规定的电气图形符号和文字符号，按工作顺序用图形符号从上而下、从左到右排列，详细表示电路、设备或成套装置的工作原理、基本组成和连接关系。电路图是表示电流从电源到负载的传送情况和电气元件的工作原理，而不考虑其实际位置的一种简图。其目的是便于详细理解设备工作原理、分析和计算电路特性及参数，为测试和寻找故障提供信息，为编制接线图提供依据，为安装和维修提供依据，所以这种图又称为电气原理或原理接线图。

电路图在绘制时应注意设备和元件的表示方法。在电路图中，设备和元件采用符号表示，应以适当形式标注其代号、名称、型号、规格、数量等，并注意设备和元件的工作状态。设备和元件的可动部分通常应表示在非激励或不工作的状态或位置。另外，还需要注意符号的布置。对于驱动部分和被驱动部分之间采用机械联结的设备和元件（例如，接触器的线圈、主触头、辅助触头），以及同一个设备的多个元件（例如，转换开关的各对触头），可在图上采用集中、半集中或分开的方式布置。

例如，电动机的控制线路原理如图1-4所示，就表示了系统的供电和控制关系。

3. 位置图（布置图）

位置图是指用正投法绘制的图，位置图是表示成套装置和设备中各个项目的布局、安装位置的图。位置简图一般用图形符号绘制。

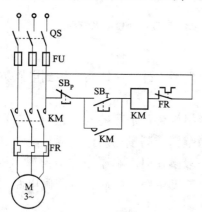

图1-4　电动机控制线路原理接线图

4. 接线图（或接线表）

接线图（或接线表）表示了成套装置、设备、电气元件的连接关系，这种用以进行安装接线、检查、试验与维修的简图（或表格），称为接线图（或接线表）。接线图（或接线表）主要用于表示电气装置内部元件之间及其与外部其他装置之间的连接关系，它是便于制作、安装及维修人员接线和检查的一种简图（或表格）。

图 1-5 就是电动机控制线路的主电路接线图，它清楚地表示了各元件之间的实际位置和连接关系：电源（L1、L2、L3）由 BX-3×6 的导线接至端子排 X 的 1、2、3 号，然后通过熔断器 FU1~FU3 接至交流接触器 KM 的主触点，再经过继电器的发热元件接到端子排的 4、5、6 号，最后用导线接入电动机的 U、V、W 端子。

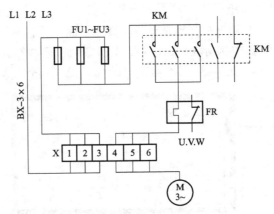

图 1-5　电动机主电路接线图

画电气接线图时应遵循的原则有以下几点。

（1）电气接线图必须保证电气原理图中各电气设备和控制元件动作原理的实现。

（2）电气接线图只标明电气设备和控制元件之间的相互连接线路，而不标明电气设备和控制元件的动作原理。

（3）电气接线图中的控制元件位置要依据它所在实际位置绘制。

（4）电气接线图中各电气设备和控制元件要按照国家标准规定的电气图形符号绘制。

（5）电气接线图中的各电气设备和控制元件，其具体型号可标在每个控制元件图形旁边，或者画表格说明。

（6）实际电气设备和控制元件结构都很复杂，画接线图时，只画出接线部件的电气图形符号。

当一个装置比较复杂时，接线图又可分解为以下几部分。

（1）单元接线图。它是表示成套装置或设备中一个结构单元内的各元件之间的连接关系的一种接线图。这里所指"结构单元"是指在各种情况下可独立运行的组件或某种组合体，如电动机、开关柜等。

（2）互连接线图。它是表示成套装置或设备的不同单元之间连接关系的一种接线图。

（3）端子接线图。它是表示成套装置或设备的端子以及接在端子上外部接线（必要时包括内部接线）的一种接线图。

（4）电线电缆配置图。它是表示电线电缆两端位置，必要时还包括电线电缆功能、特性和路径等信息的一种接线图。

5. 电气平面图

电气平面图是表示电气工程项目的电气设备、装置和线路的平面布置图。

例如：为了表示电动机及其控制设备的具体平面布置，则可采用图1-6所示的平面布置图。图中表示出了电源经控制箱或配电箱，再分别经导线 BX-3×6、BX-3×4、BX-3×2.5 接至电动机1、2、3的具体平面布置情况。

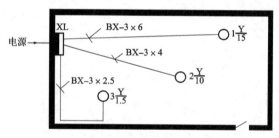

图1-6 电动机平面布置图

除此之外，为了表示电源、控制设备的安装尺寸、安装方法、控制设备箱的加工尺寸等，还必须有其他一些图。不过，这些图与一般按正投影法绘制的机械图没有多大区别，通常可不列入电气图。

6. 逻辑图

逻辑图是用二进制逻辑单元图形符号绘制的、以实现一定逻辑功能的一种简图，可分为理论逻辑图（纯逻辑图）和工程逻辑图（详细逻辑图）两类。理论逻辑图只表示功能而不涉及实现方法，因此是一种功能图；工程逻辑图不仅表示功能，而且有具体的实现方法，因此是一种电路图。

7. 设备元件和材料表

设备元件和材料表就是把成套装置、设备、装置中各组成部分和相应数据列成表格，来表示各组成部分的名称、型号、规格和数量等，便于读图者阅读，了解各元器件在装置中的作用和功能，从而读懂装置的工作原理。设备元件和材料表是电气图中的重要组成部分，它可置于图中的某一位置，也可单列一页。表1-1是电动机控制线路元器件明细表。

表1-1 控制线路元器件明细表

代号	元器件名称	型号	规格	件数	用途
M	三相异步电动机	J52-4	7 kW, 1440 r/min	1	驱动生产机械
KM	交流接触器	CJO-20	380 V, 20 A	1	控制电动机
FR	热继电器	JR16-20/3	热元件电流：14.5 A	1	电动机过载保护
SBT	按钮开关	LA4-22K	5A	1	电动机启动按钮
SBP	按钮开关	LA4-22K	5A	1	电动机停止按钮
QS	刀开关	HZ10-25/3	500 V, 25 A	1	电源总开关
FU	熔断器	RL1-15	500 V, 配4A熔芯	3	主电路保险

8. 产品使用说明书上的电气图

生产厂家往往随产品使用说明书附上电气图，供用户了解该产品的组成和工作过程及注意事项，以达到正确使用、维护和检修的目的。

9. 其他电气图

上述电气图是常用的主要电气图，但对于较为复杂的成套装置或设备，为了便于制造，需要有局部的大样图、印刷电路板图等；而若为了装置的技术保密，往往只给出装置或系统的功能图、流程图、逻辑图等。所以，电气图种类很多，但这并不意味着所有的电气设备或装置都应具备这些图纸。根据表达的对象、目的和用途不同，所需图的种类和数量也不一样，对于简单的装置，可把电路图和接线图合二为一，对于复杂装置或设备应分解为几个系统，每个系统也有以上各种类型的电气图。总之，电气图作为一种工程语言，在表达清楚的前提下，越简单越好。

三、电气图的主要特点

电气图之所以能构成一大类专业技术图，是因为电气图与机械图、建筑图及其他专业技术图相比，有着本质区别，它表示系统或装置中的电气关系，所以具有其独特的一面，有一些明显的特点。

1. 电气图是一种简图

电气图可以定义为用图的形式来表示信息的一种技术文件。电气图的主要作用是用来阐述电气设备及设施的工作原理，描述产品的构成和功能，提供装接和使用信息的重要工具和手段，因而电气图的种类很多。

为了表示变电所的电气设备构成及其连接关系，则可绘制成如图1-7所示的电气系统图。这个图具有以下特点：各种电气设备和导线用图形符号表示，而不用具体的外形结构表示；各设备符号旁标注了代表该种设备的文字符号；按功能和电流流向表示各电气设备的连接关系和相互位置；没有标注尺寸。

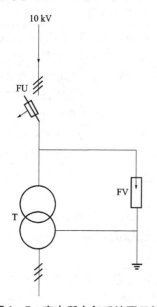

图1-7 变电所电气系统图示例

类似于图1-7的图称为简图。简图是用图形符号、带注释的围框或简化外形表示系统或设备中各组成部分之间相互关系及其连接关系的一种图。很显然，绝大部分电气图都是简图，如系统图、框图、电路图、功能图、逻辑图、程序图等均属于简图，即使是安装接线图，也仅仅表示了各设备间的相对位置和连接关系，也属于简图。所以，简图是电气图的主要表达形式。这里应当指出的是，简图并不是简略的图，而是一种术语。采用这一术语是为了把这种图与其他的图（如机械图中的各种视图、建筑图中的各种平面布置图等）加以区别。

2. 电气图的元件和连接线

一个电路通常由电源、开关设备、用电设备和连接线等4个部分组成。如果将电源设备、开关设备和用电设备看成元件，则电路由元件与连接线组成，或者说各种元件按照一定的次序用连接线连接起来就构成了一个电路。因此，元件和连接线是电气图所描述的主要对象，也就是电气图所要表达的主要内容。

实际上，由于采用不同的方式和手段对元件和连接线进行描述，从而显示出了电气图的多样性。例如，在电路图中，元件通常用一般符号表示，而在系统图、框图和接线图中通常用简化外形符号（圆、正方形、长方形）表示。

3. 电气图的布局方法

功能布局法是指电气图中元件符号的布置，只考虑如何便于看出它们所表示元件之间的功能关系，而不考虑实际位置的一种布局方法。电气图中的系统图、电路图都是采用这种布局方法的。例如，有的电路图中，各元件按供电顺序（电源—负荷）排列；有的电路图中，各元件按动作原理排列，至于这些元件的实际位置怎样布置则不予表示。这样的图就是按功能布局法绘制的图。

位置布局法是指电气图中元件符号的布置对应于该元件实际位置的布局

方法。电气图中的接线图、位置图、平面布置图通常采用这种布局方法。例如，有的电路图中，配电箱内各元件基本上都是按元件的实际相对位置布置和接线的；有的电路图中的平面图中，配电箱、电动机及其连接导线是按实际位置布置的。这样的图就是按位置布局法绘制的图。

4. 电气图的基本要素

一个电气系统、设备或装置通常由许多部件、组件、功能单元等组成。这些部件、组件、功能单元等被称为项目。在主要以简图形式表示的电气图中，为了描述和区分这些项目的名称、功能、状态、特征及相互关系、安装位置、电气连接等，没有必要也不可能画出各种元器件的外形结构，一般是用一种简单的符号表示的。这些符号就是图形符号。显然，在一个图中用一个符号来表示是不严格的，还必须在符号旁标注不同的文字符号（严格地讲，应该是项目代号），以区别其名称、功能、状态、特征及安装位置等。这样，图形符号和文字符号的结合就能使人们一看就知道它是不同用途的器件，并且由于在同一图中文字符号的唯一性，使得描述同一对象的各种图样和技术文件中，其对应关系就明确了。因此，图形符号、文字符号（或项目代号）是电气图的主要组成部分，制图与读图过程中都必须很好运用。当然，为了更具体地加以区分，在一些图中除了标注文字符号外，有时还要标注技术数据，比如型号、规格等。

四、电气图的特征

1. 清楚易懂

电气图是用图形符号、连线或简化外形来表示系统或设备中各组成部分之间相互电气关系及其连接关系的一种图。

某一变电所电气图如图 1-8 所示，10 kV 电压变换为 0.38 kV 低压，分配给 4 条支路，图中各部分用文字符号表示，并给出了变电所各设备的名称、功能和电流方向及各设备连接关系和相互位置关系，但没有给出具体位置和尺寸。

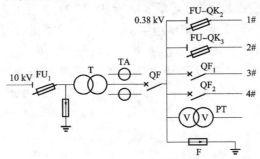

图 1-8 变电所电气图

2. 简单明了

电气图是采用电气元器件或设备的图形符号、文字符号和连线来表示的，没有必要画出电气元器件的外形结构，所以对于系统构成、功能及电气接线等，通常都采用图形符号、文字符号来表示。

3. 特性鲜明

电气图主要是表示成套装置或设备中各元器件之间的电气连接关系，不论是说明电气设备工作原理的电路图、供电关系的电气系统图，还是表明安装位置和接线关系的平面图和连线图等，都表达了各元器件之间的连接关系。

4. 布局合理

电气图的布局依据图所表达的内容而定。电路图、系统图是按功能布局，只考虑便于看出元件之间功能关系，而不考虑元器件实际位置，要突出设备的工作原理和操作过程，按照元器件动作顺序和功能作用，从上而下、从左到右布局。而对于接线图、平面布置图，则要考虑元器件的实际位置，所以应按位置布局。

5. 形式多样

对系统的元件和连接线的描述方法不同，构成了电气图的多样性，如元件可采用集中表示法、半集中表示法、分散表示法，连线可采用多线表示、单线表示和混合表示。同时，一个电气系统中各种电气设备和装置之间，从不同角度、不同侧面去考虑，存在不同关系。

五、电气制图与电气图形符号国家标准

1. 电气图标准简介

绘制电气图、阅读电气图的基本依据是电气制图与电气简图用图形符号的国家标准。电气制图的国家标准 GB/T 6988[1]也称"电气技术文件编制"，它与电气简图用图形符号的国家标准 GB/T 4728 共同构成电气制图的基本依据。伴随着电气技术的发展，电气图的表达形式、表示方法，电气图的功能、种类等也是不断发展与日臻完善的。随着我国机电工业的发展和国家标准化工作的开展，特别是 20 世纪 60 年代初期，国家科委批准发布了一批电气图形符号、文字符号等方面的 5 个标准，从而使我国电气图逐渐实现了标准化，初步形成了一套具有我国特色的电气图规则和表达形式。这 5 个标准是：GB 312—1964《电工系统图图形符号》，GB 313—1964《电力及照明平

---

[1] "GB/T"是推荐性国家标准的标准代号，国家标准分为强制性和推荐性两类。"6988"表示该标准的编号，编号后可标以标准的发布年份。例如 GB/T 6988.1—1997，表示 GB/T 6988.1 这个标准是 1997 年发布的。

面图图形符号》、GB 314—1964《电信平面图图形符号》、GB 315—1964《电工设备文字符号编制规则》、GB 316—1964《电力系统图上的回路标号》。

随着电力电子技术的发展，我国与国际的交往也越来越频繁，这就要求我们进一步完善原有的电气制图规则、表达方式、图形符号、文字符号等。因此，原有国家标准有的需要修改，有的需要增加。既要结合我国的实际，又要走国际通用化的道路。在编制电气技术文件和绘制各种电气图时，只有正确应用专用图形符号及其相关的国家标准，才能绘制出符合标准要求的、适合国内外交流的、统一的各种标准电气图，表达完整的电气信息。

国际电工委员会是国际标准化组织（ISO）的成员组织，专门负责电力和电子工业领域标准化的问题，它所颁布的标准（即 IEC 标准）在国际上具有一定的权威性。近年来，我国有关部门在做了大量调查研究工作的基础上，特别是在认真研究了 IEC 标准的基础上，对电气图原有的标准做了大量修改，颁布了一系列电气图新标准。

这些新国标是电气、电子技术发展到一定程度的产物。随着电气、电子技术特别是计算机技术的发展，作为电气工程语言的电气制图及其图形符号也在不断发展。不断提出新的概念、新的符号和新的表达形式，并逐步形成了统一的标准。这些标准是一个有机的整体，它们提供了表示各种信息的手段和灵活使用的方法。根据新国标绘制电气（简）图是涉及各行业的综合系统工程，电气设备及电气系统从设计到生产、安装、维修、检验、操作等环节的技术人员都需及时了解和正确掌握新国标的内容。要正确理解和使用这些标准，就应对它们进行全面学习，并正确区分新、旧国标的规则。

2. 电气制图及电气图形符号国家标准的组成

电气制图及电气图形符号国家标准主要包括如下 4 个方面：

电气制图 4 项；电气简图用图形符号 13 项；电气设备用图形符号 2 项；主要的相关国家标准 13 项。

(1) 电气制图国家标准 GB/T 6988。

GB/T 6988 与国际电工委员会 IEC 有关的标准等同或等效。这个国家标准的发布和实施使我国在电气制图领域的工程语言及规则得到统一，并使我国与国际上通用的电气制图领域的工程语言和规则协调一致。这个标准的前三部分等同采用 IEC1082 的第 1~3 部分，而第四部分等效采用 IEC848 (1988) 的《控制系统功能表图的绘制》。GB/T 6988—1997《电气技术用文件的编制》，发布于 1997 年，对应于 GB/T 6988，主要包括以下几个分标准。

① GB/T 6988.1《电气技术用文件的编制第 1 部分：一般要求》；

② GB/T 6988.2《电气技术用文件的编制第 2 部分：功能性简图》；

③ GB/T 6988.3《电气技术用文件的编制第 3 部分：接线图和接线表》。

电气制图国家标准还有 GB 7356《电气系统说明书用简图的编制》和 GB 5489《印制板制图》。有关以上电气制图国家标准的详细资料可参见中国标准出版社的《电气制图国家标准汇编》一书。

（2）《电气简图用图形符号》国家标准 GB/T 4728。

GB/T 4728《电气简图用图形符号》国家标准共有 13 项，发布于 1996～2005 年，是 GB 4728《电气图用图形符号》的修订版，属于国家推荐标准。这 13 个国标都是等同采用最新版本的国际电工委员会 IEC617 系列标准修订后的新版国家标准。GB/T 4728 由以下 13 部分组成。

① 电气图用图形符号第 1 部分：总则 GB/T 4728.1—2005；

② 电气简图用图形符号第 2 部分：符号要素、限定符号和其他常用符号 GB/T 4728.2—2005；

③ 电气简图用图形符号第 3 部分：导体和连接件 GB/T 4728.3—2005；

④ 电气简图用图形符号第 4 部分：基本无源元件 GB/T 4728.4—2005；

⑤ 电气简图用图形符号第 5 部分：半导体管和电子管 GB/T 4728.5—2005；

⑥ 电气简图用图形符号第 6 部分：电能的发生与转换 GB/T 4728.6—2000；

⑦ 电气简图用图形符号第 7 部分：开关、控制和保护器件 GB/T 4728.7—2000；

⑧ 电气简图用图形符号第 8 部分：测量仪表、灯和信号器件 GB/T 4728.8—2000；

⑨ 电气简图用图形符号第 9 部分：电信：交换和外围设备 GB/T 4728.9—1999；

⑩ 电气简图用图形符号第 10 部分：电信：传输 GB/T 4728.10—1999；

⑪ 电气简图用图形符号第 11 部分：建筑安装平面布置图 GB/T 4728.11—2000；

⑫ 电气简图用图形符号第 12 部分：二进制逻辑元件 GB/T 4728.12—1996；

⑬ 电气简图用图形符号第 13 部分：模拟元件 GB/T 4728.13—1996。

有关以上电气简图用图形符号国家标准的详细资料可参见中国标准出版社出版的《电气简图用图形符号国家标准汇编》一书。

（3）《电气设备用图形符号》国家标准 GB/T 5465—1996。

《电气设备用图形符号》是指用在电气设备上或与其相关的部位上，用以说明该设备或部位的用处和作用的标志。GB/T 5465—1996 由以下两部分组成。

① 《电气设备用图形符号绘制原则》GB/T 5465.1—1996；

② 《电气设备用图形符号》GB/T 5465.2—1996。

(4) 与电气制图有关的相关国家标准。

与电气制图有关的相关国家标准主要有下面列举的 11 项，但除此之外在电气制图及其图形符号的国家标准中所引用的国家标准和国际标准还有很多，可以参见相关的标准，这里不一一列举。

① 《电器设备接线端子和特定导线端子的识别和应用字母数字系统的通则》GB/T 4026—1992；

② 《绝缘导线的标记》GB/T 4884—1985；

③ 《电气技术中的项目代号》GB/T 5094—1985；

④ 《电气技术中的文字符号制订通则》GB/T 7159—1987；

⑤ 《导体的颜色或数字标识》GB/T 7947—1997；

⑥ 《技术制图 标题栏》GB/T 10609.1—1989；

⑦ 《技术制图 明细栏》GB/T 10609.2—1989；

⑧ 《技术制图 图纸幅面和格式》GB/T 14689—1993；

⑨ 《技术制图字体》GB/T 14691—1993；

⑩ 《信号与连接线的代号》GB/T 16679—1996；

⑪ 《电气工程 CAD 制图规则》GB/T 18135—2000。

以上 11 种与电气制图相关的国家标准详细资料可参见中国标准出版社出版的《电气制图国家标准汇编》一书中的相关标准部分。除了以上这些相关标准外，在《电气制图》和《电气简图用图形符号》国家标准中，还引用了大量 IEC、ISO 国际标准和 GB 国家标准。各项电气制图标准中都已详细列有这些标准的目录，学习本标准时可以据此查找标准中有关内容制订的依据。

3. 新国标的特点

（1）通用性强。

20 世纪 70 年代末以来，随着对外开放政策的实行，国家已明确制定了"积极采用国际标准"的方针。电气制图标准作为电气领域中的基础标准更应该尽量向国际标准靠拢。因此，电气制图领域在认真研究 IEC 标准和文件，以及其他国际组织和工业发达国家有关标准的基础上，制订了这批电气制图标准，最大限度地采用了有关国际标准的规定。例如，在电气图用图形符号和电气设备用图形符号标准中，采用了 IEC 有关标准的全部内容，电气制图标准中采纳了 IEC 已提出的全部规则，文字符号一律按国际标准采用拉丁字母。因此，新标准有利于对外开放和国内外经济技术交流。按这些标准绘制电气图的产品，在出口贸易相关技术文件中可直接使用这些电气图，从而避免了国内生产是一套图样、产品出口需另外一套图样、并且在产品出口时需重新对电气图进行设计绘制的情况，从而使这些产品更具国际竞争力。国际上制订电气制图及电气图形符号标准的权威机构为国际电工委员会 IEC 的第三技术委员会，简称IEC/TC3（International Electrical Committee/Technological Committee 3）。目前我国的电气制图、电气简图和电气设备用图形符号新国标全部都是"等同采用"、"等效采用"或"参照采用"IEC 的相应标准，即这些国标基本上是完全向 IEC 标准靠拢的。例如，GB/T 4728 所有 13 个标准都是"等同采用"IEC 617 简图用图形符号的 13 个部分的技术内容和编写规则。

（2）更具实用性和可操作性。

表达精确、科学、明了而又简单实用是各种图样的基本要求。也就是说，用尽可能简单的图形符号尽量准确地表达电气电子元器件的功能是对电气简图用图形符号的一项基本要求。新的《电气简图用图形符号》国家标准能尽量准确地表达电气图中各元器件的功能。电气图标准中，图形符号结构尽可能简化，减少了绘图工作量，而图形符号表达又更为确切，不易混淆。对电气制图的种类按要求进行了科学的划分，繁简适当。这些都使电气图更具实用性和可操作性。

（3）更具有先进性。

由于基础标准使用周期较长，所以在制订这批电气制图及电气图形符号标准时，既要立足于当前的现状，又要考虑到未来的发展。标准从较多侧面反映了当代电工技术的新发展，如制订了表达电气控制关系的功能表图、表达二进制逻辑关系的逻辑功能图等。

图形符号增加了大量的微电子技术的图形符号。所有的图形符号可用于手工绘制，也可适应于计算机辅助绘图。在制图规则中，线宽、间距、字体等规定均可满足计算机辅助绘图以及复印、缩微等技术的要求。当然，图形符号还需要补充，特别是半导体器件、光纤、逻辑元件、医疗电器设备、电信设备等方面的符号，国家标准的内容尚不够完整，个别地方还不是很成熟，反映电气技术的电气图标准仍需要不断发展和完善，需要及时总结，为修订补充积累资料。

六、电气识图的基本要求和基本步骤

识读电气图，应弄清识图的基本要求，掌握好识图步骤，才能提高识图的水平，加快分析电路的速度。在初步掌握电气图的基本知识和国家标准，熟悉电气图中常用的图形符号、文字符号、项目代号和回路标号，以及电气图的基本构成、分类、主要特点的基础上，本节讲述识读电气图的基本要求和基本步骤，为以后识读、绘制各类电气图提供总体思路和引导。

1. 电气识图的基本要求

识读电气图的基本要求有以下几点。

(1) 由浅入深循序渐进地识图。

初学识图要本着从易到难、从简单到复杂的原则识图。一般来讲，照明电路比电气控制电路简单，单项控制电路比系列控制电路简单。复杂的电路都是简单电路的组合，从识读简单的电路图开始，弄清每一电气符号的含义，明确每一电气元件的作用，理解电路的工作原理，为识读复杂电气图打下基础。

(2) 应具有电工电子技术的基础知识。

在实际生产的各个领域中，所有电路如输变配电、建筑电气、电气控制、照明、电子电路、逻辑电路等，都是建立在电工电子技术理论基础之上的。因此，要想准确、迅速地读懂电气图，必须具备一定的电工电子技术基础知识，这样才能运用这些知识分析电路，理解图纸所含的内容。如三相笼型感应电动机的正转和反转控制，就是利用电动机的旋转方向是由三相电源的相序来决定的原理，用倒顺开关或两个接触器进行切换，改变输入电动机的电源相序，来改变电动机的旋转方向。而Y-△启动则是应用电源电压的变动引起电动机启动电流及转矩变化的原理。

(3) 掌握电气图用图形和文字符号。

电气图用图形符号和文字符号以及项目代号、电器接线端子标志等是电气图的"象形文字"，是"词汇""句法及语法"，相当于看书识字、识词，还要懂得一些句法、语法。图形、文字符号很多，必须能熟记会用。可以根据个人所从事的工作和专业出发，识读各专业共用和本专业专用的电气图形符号，然后再逐步扩大。并且可通过多看、多画来加强大脑的印象和记忆。

(4) 熟悉各类电气图的典型电路。

典型电路一般是常见、常用的基本电路。如供配电系统中电气主电路图中最常见、常用的是单母线接线，由该典型电路可导出单母线不分段、单母线分段接线，而单母线分段可再区分是隔离开关分段还是断路器分段。再如，电力拖动中的启动、制动、正反转控制电路，联锁电路，行程限位控制电路，等等。

不管多么复杂的电路，总是由典型电路派生而来，或者由若干典型电路组合而成的。因此，熟练掌握各种典型电路，在识图时有利于对复杂电路的理解，能较快地分清主次环节及其他部分的相互联系，抓住主要矛盾，从而能读懂较复杂的电气图。

(5) 掌握各类电气图的绘制特点。

各类电气图都有各自的绘制方法和绘制特点。掌握了电气图的主要特点及绘制电气图的一般规则，如电气图的布局、图形符号及文字符号的含义、图线的粗细、主副电路的位置、电气触头的画法、电气网与其他专业技术图的关系等，利用这些规律就能提高识图效率，进而自己也能设计制图。由于电气图不像机械图、建筑图那样直观形象和比较集中,因而识图时应将各种有关的图纸联系起来,对照阅读。如通过系统图、电路图找联系,通过接线图、布置图找位置,交错识读会收到事半功倍的效果。

(6) 把电气图与其他图对应识读。

电气施工往往与主体工程及其他工程如工艺管道、蒸汽管道、给排水管道、采暖通风管道、通信线路、机械设备等多项安装工程配合进行。电气设备的布置与土建平面布置、立面布置有关;线路走向与建筑结构的梁、柱、门窗、楼板的位置有关,还与管道的规格、用途、走向有关;安装方法又与墙体结构、楼板材料有关;特别是一些暗敷线路、电气设备基础及各种电气预埋件更与土建工程密切相关。因此,识读某些电气图还要与有关的土建图、管路图及安装图对应起来看。

(7) 掌握涉及电气图的有关标准和规程。

电气识图的主要目的是用来指导施工、安装,指导运行、维修和管理。有一些技术要求不可能都一一在图样上反映出来,也不能一一标注清楚。由于这些技术要求在有关的国家标准或技术规程、技术规范中已作了明确的规定,因此,在识读电气图时,还必须了解这些相关标准、规程、规范,这样才能真正读懂图。

2. 电气识图的基本步骤

要想看懂电气原理图,必须熟记电气图形符号所代表的电气设备、装置和控制元件。

在此基础上才能看懂电气原理图。由于电气项目类别、规模大小、应用范围的不同,电气图的种类和数量相差很大。电气图的识读应按照一定步骤进行阅读。

(1) 了解说明书。

了解电气设备说明书,目的是了解电气设备总体概况及设计依据,了解图纸中未能表达清楚的各有关事项。了解电气设备的机械结构、电气传动方式、对电气控制的要求、设备和元器件的布置情况,以及电气设备的使用操作方法、各种开关、按钮等的作用。

(2) 理解图纸说明。

拿到图纸后,首先要仔细阅读图纸的主标题栏和有关说明,搞清楚设计的内容和安装要求,就能了解图纸的大体情况,抓住看图的要点。如图纸目录、技术说明、电气设备材料明细表、元件明细表、设计和安装说明书等,结合已有的电工电子技术知识,对该电气图的类型、性质、作用有一个明确的认识,从整体上理解图纸的概况和所要表述的重点。

(3) 掌握系统图和框图。

由于系统图和框图只是概略表示系统或分系统的基本组成、相互关系及主要特征，因此紧接着就要详细看电路图，才能清楚它们的工作原理。系统图和框图多采用单线图，只有某些 380/220 V 低压配电系统图才部分地采用多线图表示。

(4) 熟悉电路图。

电路图是电气图的核心，也是内容最丰富但最难识读的电气图。看电路图时，首先要识读有哪些图形符号和文字符号，了解电路图各组成部分的作用，分清主电路和辅助电路、交流回路和直流回路，其次按照先看主电路，后看辅助电路的顺序进行识读图。看主电路时，通常要从下往上看，即从用电设备开始，经控制元件依次往电源端看。当然也可按绘图顺序由上而下，即由电源经开关设备及导线向负载方向看，也就是清除电源是怎样给负载供电的。看辅助电路时，从上而下、从左向右看，即先看电源，再依次看各条回路，分析各条回路元件的工作情况及其对主电路的控制关系。

通过看主电路，要搞清楚电气负载是怎样获取电能、电源线都经过哪些元件到达负载以及这些元件的作用、功能。通过看辅助电路，则应搞清辅助电路的回路构成、各元件之间的相互联系和控制关系及其动作情况等。同时还要了解辅助电路与主电路之间的相互关系，进而搞清整个电路的工作原理和来龙去脉。

(5) 清楚电路图与接线图的关系。

接线图是以电路为依据的，因此要对照电路图来看接线图。看接线图时要根据端子标志、回路标号从电源端依次查下去，搞清线路走向和电路的连接方法，搞清每个回路是怎样通过各个元件构成闭合回路的。看安装接线图时，先看主电路后看辅助回路。看主电路是从电源引入端开始，顺序经开关设备、线路到负载（用电设备）。看辅助电路时，要从电源的一端到电源的另一端，按元件连接顺序对每一个回路进行分析。接线图中的线号是电气元件间导线连接的标记，线号相同的导线原则上都可以接在一起。由于接线图多采用单线表示，因此对导线的走向应加以辨别，还要搞清端子板内外电路的连接。配电盘内外线路相互连接必须通过接线端子板，因此看接线图时，要把配电盘内外的线路走向搞清楚，就必须注意搞清端子板的接线情况。

阅读图纸的顺序没有统一的规定，可以根据需要自己灵活掌握，并应有所侧重。有时一幅图纸需反复阅读多遍。即实际读图时，要根据图的种类作相应调整。

3. 电气识图的方法

识读电气原理图的基本方法有以下几点。

(1) 掌握理论知识。

在实际生产、工作的各个领域，如变配电所、电力拖动系统、各种照明电路、各种电子电路、仪器仪表及家用电器等，都是建立在一定理论知识上的。因此要想看懂电气原理图，必须具备一定的电工、电子技术理论知识。如三相电动机的正反转控制，就是利用电动机的旋转磁场方向是由三相交流电的相序决定的原理，采用倒顺开关或两个接触器实现切换，从而改变接入电动机的三相交流电相序，实现电动机正反转控制的。

(2) 熟悉电气元器件结构。

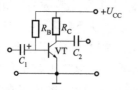

图1-9 三极管共发射极放大电路

电路是由各种电气设备、元器件组成的，如电力供配电系统中的变压器、各种开关、接触器、继电器、熔断器、互感器等，电子电路中的电阻器、电感器、电容器、二极管、三极管、晶闸管及各种集成电路等。因此，熟悉这些电气设备、装置和控制元件、元器件的结构、动作工作原理、用途及它们与周围元器件的关系以及在整个电路中的地位和作用，熟悉具体机械设备、装置或控制系统的工作状态，有利于电气原理图的识图。例如，在图1-9所示三极管共发射极放大电路中，三极管VT是放大器件，了解它的结构，熟悉它的工作原理，就能正确认识它的放大原理；R_B是基极偏置电阻，给放大电路提供合适的静态；R_C是集电极负载电阻，起电压转换作用；C_1、C_2是耦合电容，起到通交流隔直流信号的作用。

(3) 结合典型电路识读图。

所谓典型电路，就是常用的基本电路。如三相感应电动机的启动、制动、正反转、过载保护、联锁电路等，供配系统中电气主接线常用的单母线主接线等，电子电路中三极管放大电路、整流电路、振荡电路等，都是典型电路。无论多么复杂的电路图，都是由若干典型电路所组成的。因此，熟悉各种典型电路，对于看懂复杂的电路图有很大帮助，使得看图时能很快分清主次环节、信号流向，抓住主要矛盾，不易搞错。

(4) 根据电气制图要求识读图。

电气图的绘制有一定的基本规则和要求，按照这些规则和要求画出的图，具有规范性、通用性和示意性。例如，电气图的图形符号和文字符号的含义、图线的种类、主辅电路的位置、表达形式和方法等，都是电气制图的基本规则和要求。掌握熟悉这些内容对识读图有很大的帮助。

(5) 分清控制线路的主辅电路。

分析主电路的关键是弄清楚主电路中用电器的工作状态是由哪些控制元

件控制的。将控制与被控制的关系弄清楚,就可以说电气原理图基本读懂了。

分析控制电路就是弄清楚控制电路中各个控制元件之间的关系,弄清楚控制电路中哪些控制元件控制主电路中用电负载状态的改变。

分析控制电路时最好是按照每条支路串联控制元件的相互制约关系去分析,然后再看该支路控制元件动作对其他支路中的控制元件有什么影响。采取逐渐推进法分析是比较好的方法。

控制电路比较复杂时,最好是将控制电路分为若干个单元电路,然后将各个单元电路分开分析,以便抓住核心环节,使复杂问题简化。

七、电气制图的一般规则

(1) 图纸的幅面。

绘制图样时,图纸幅面尺寸应优先采用表1-2中规定的基本幅面。

表1-2 图纸的基本幅面及图框尺寸　　　　　　单位:mm

幅面代号	A0	A1	A2	A3	A4
$B \times L$	841×1189	594×841	420×594	297×420	210×297
a	25				
c	10			5	
e	20			10	

注:其中a、c、e为留边宽度。图纸幅面代号由"A"和相应的幅面号组成,即A0~A4。基本幅面共有5种,其尺寸关系如图1-10所示。

幅面代号的几何含义,实际上就是对0号幅面的对开次数。如A1中的"1",表示将全张纸(A0幅面)长边对折裁切一次所得的幅面;A4中的"4",表示将全张纸长边对折裁切四次所得的幅面,如图1-10所示。必要时,允许沿基本幅面的短边成整数倍加长幅面,但加长量必须符合国家标准(GB/T 14689—1993)中的规定。

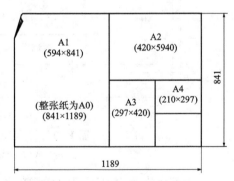

图1-10 基本幅面的尺寸关系

图框线必须用粗实线绘制。图框格式分为留有装订边和不留装订边两种,如图1-11和图1-12所示。两种格式图框的周边尺寸a、c、e见表1-2。但应注意,同一产品的图样只能采用一种格式。

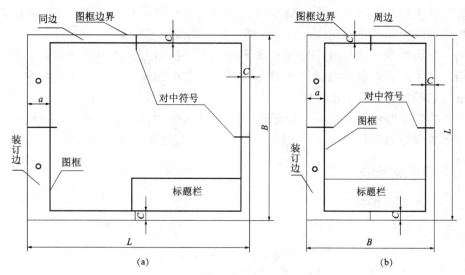

图1-11 留有装订边图样的图框格式
(a) 横装；(b) 竖装

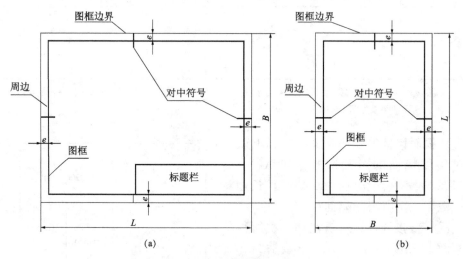

图1-12 不留装订边图样的图框格式
(a) 横装；(b) 竖装

国家标准规定，工程图样中的尺寸以毫米为单位时，不需标注单位符号（或名称）。如采用其他单位，则必须注明相应的单位符号。本书的文字叙述和图例中的尺寸单位为毫米，均未标出。

为了确定图中内容的位置及其他用途，往往需要将一些幅面较大的或内容复杂的电气图进行分区,如图1-13所示。

图幅的分区方法是:将图纸相互垂直的两边各自加以等分,竖边方向用大写拉丁字母编号,横边方向用阿拉伯数字编号,编号的顺序应从标题栏相对的左上角开始,分区数应为偶数;每一分区的长度一般应不小于25 mm,不大于75 mm,对分区中符号应以粗实线给出,其线宽不宜小于0.5 mm。图纸分区后,相当于在图样上建立了一个坐标。电气图上的元件和连接线的位置可由此"坐标"而唯一地确定下来。

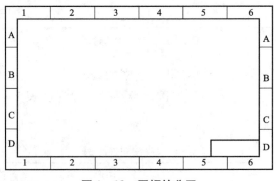

图1-13 图幅的分区

(2)标题栏。

标题栏是用来确定图样的名称、图号、张次、更改和有关人员签署等内容的栏目,位于图样的下方或右下方。图中的说明、符号均应以标题栏的文字方向为准。

目前我国尚没有统一规定标题栏的格式,各设计部门标题栏格式不一定相同。通常采用的标题栏格式应有以下内容:设计单位名称、工程名称、项目名称、图名、图别、图号等。电气工程图中常用标题栏格式如图1-14所示,可供读者借鉴。

设计单位名称		工程名称	设计号
			图号
总工程师		主要设计人	
设计总工程师		技核	项目名称
专业工程师		制图	
组长		描图	图号
日期	比例		

图1-14 标题栏格式

学生在作业时，可采用图 1-15 所示的标题栏格式。

××院××系部××班级				比例		材料	
制图	（姓名）	（学号）	工程图样名称			质量	
设计							
描图							
审核						共　张　第　张	

图 1-15　作业用标题栏

(3) 比例。

比例是指图中图形与其实物相应要素的线性尺寸之比。绘制图样时，应优先选择表 1-3 中的优先使用比例，必要时也允许从表 1-3 中允许使用比例中选取。

表 1-3　绘图的比例

种类		比例				
原值比例		1:1				
放大比例	优先使用	5:1	2:1	$5\times10^n:1$	$2\times10^n:1$	$1\times10^n:1$
	允许使用	4:1	2.5:1	$4\times10^n:1$	$2.5\times10^n:1$	
缩小比例	优先使用	1:2	1:5	1:10	$1:2\times10^n$	$1:5\times10^n$　$1:1\times10^n$
	允许使用	1:1.5　　1:2.5　　1:3　　1:4　　1:6 $1:1.5\times10^n$　$1:2.5\times10^n$　$1:3\times10^n$　$1:4\times10^n$　$1:6\times10^n$				

注：n 为正整数。

(4) 字体。

在图样上除了要用图形来表达机件的结构形状外，还必须用数字及文字来说明它的大小和技术要求等其他内容。

① 基本规定。

在图样和技术文件中书写的汉字、数字和字母，都必须做到字体工整、笔画清楚、间隔均匀、排列整齐。字体的号数代表字体高度（用 h 表示）。字体高度的公称尺寸系列为：1.8 mm、2.5 mm、3.5 mm、5 mm、7 mm、10 mm、14 mm、20 mm。如需更大的字，其字高应按 $\sqrt{2}$ 的比率递增。汉字应写成长仿宋体字，并应采用国家正式公布的简化字。汉字的高度 h 应不小于 3.5 mm，其

字宽一般为 $h/\sqrt{2}$。字母和数字分 A 型和 B 型。A 型字体的笔画宽度 $d=h/14$，B 型字体的笔画宽度 $d=h/10$。在同一张图样上，只允许选用一种型式的字体。字母和数字可写成斜体和直体。斜体字字头向右倾斜，与水平基准线成 75°。

② 字体示例。

汉字示例：

横平竖直注意起落结构均匀填满

字母示例：

ABCDEFGHIJKLMN

罗马数字：

数字示例：

（5）图线及其画法。

图线是指起点和终点间以任意方式连接的一种几何图形，它是组成图形的基本要素，形状可以是直线或曲线、连续线或不连续线。国家标准中规定了在工程图样中使用的 6 种图线，其型式、名称、宽度以及应用示例见表 1-4。

表 1-4　常用图线的型式、宽度和主要用途

图线名称	图线型式	图线宽度	主要用途
粗实线	———————	b	电气线路、一次线路
细实线	———————	约 $b/3$	二次线路、一般线路
虚线	− − − − −	约 $b/3$	屏蔽线、机械连线
细点画线	− · − · −	约 $b/3$	控制线、信号线、围框线
粗点画线	— · — · —	b	有特殊要求线
双点画线	− ·· − ·· −	约 $b/3$	原轮廓线

图线分为粗、细两种。以粗线宽度作为基础，粗线的宽度 b 应按图的大小和复杂程度，在 0.5~2 mm 之间选择，细线的宽度应为粗线宽度的 1/3。图

线宽度的推荐系列为：0.18 mm、0.25 mm、0.35 mm、0.5 mm、0.7 mm、1 mm、1.4 mm、2 mm，若各种图线重合，应按粗实线、点画线、虚线的先后顺序选用线型。

（6）尺寸注法。

尺寸由尺寸线、尺寸界线、尺寸起止箭头（或45°短划线）、尺寸数字4个要素组成。

尺寸注法的基本规则有以下几点。

① 物件的真实大小应以图样上的尺寸数字为依据，与图形大小及绘图的准确度无关。

② 图样中的尺寸数字，如没有明确说明，一律以 mm 为单位。

③ 图样中所标注的尺寸，为该图样所示机件的最后完工尺寸。

④ 物件的每一尺寸，一般只标注一次，并应标注在反映该结构最清晰的图形上。

尺寸注法的具体内容有以下几点。

① 线性尺寸（长度、宽度、厚度）的尺寸数字一般注写在尺寸线的上方，也可注写在尺寸线的中断处。

② 角度数字一律写成水平方向，注写在尺寸线的中断处，也可采用引出注写的方式。

③ 在没有足够的位置画箭头或注写数字时也可移出标注。

④ 一些特定尺寸必须标注符号，如直径符号 ϕ、半径符号 R、球符号 S、球直径符号 $S\phi$、球半径符号 SR、厚度符号 δ。

（7）安装标高。

安装标高有绝对标高和相对标高之分。

绝对标高：海拔高度以青岛市外黄海平面作为零点而确定的高度尺寸。

相对标高：选定某一参考面或参考点为零点而确定的高度尺寸。

电气位置图均采用相对标高，一般采用室外某一平面、某一层楼平面作为零点而计算高度。这个标高称为安装标高或敷设标高。

（8）方位：电力照明和电信布置图等类图纸按上北下南，左西右东表示电气设备或构筑物的位置和朝向，但在许多情况下需用方位标记表示其朝向。

风向频率标记：表示设备安装地区性一年四季风向情况，在电气布置图上往往还标有风向频率标记。它根据此地区多年平均统计的各个方向吹风次数的百分数，按一定比例绘制而成。

（9）建筑物定位轴线：子承重墙、柱、梁等主要承重构件的位置所画的轴线。定位轴线编号的基本原则：在水平方向，从左至右用顺序的阿拉伯数字；在垂直方向，用拉丁字母由下向上编写；数字和字母用点画线引出。

任务二　电气图中图形符号、文字符号和项目代号的识读

引言

在读图的过程中，图纸中要接触到很多图形符号、文字符号和项目代号，记忆一些常用的图形符号和文字符号，还是很有必要的。

学习目标

（1）掌握常用的文字符号。
（2）掌握学习常用的图形符号，明白项目代号的概念以及组成。

过程描述

（1）图纸的准备。为学生准备一幅实际图纸。
（2）图纸的识读。读电气图中的文字符号和图形符号，明确它们的含义。

过程分析

图纸中有很多不认识的文字符号和图形符号，通过查阅相关知识，弄懂图纸中图形符号和文字符号的含义。

新知识储备

一、电气图形符号

绘制电气图形时，在图样或其他文件中用来表示一个设备或概念的图形、标记或字符的符号称为电气图形符号。电气图形符号只要示意图形绘制，不需要精确比例。

1. 电气图用图形符号

（1）图形符号的构成。

电气图用图形符号通常由一般符号、符号要素、限定符号、框形符号和组合符号等组成。

① 一般符号。它是用来表示一类产品和此类产品特征的一种通常很简单的符号。

② 符号要素。它是一种具有确定意义的简单图形，不能单独使用。符号要素必须同其他图形组合后才能构成一个设备或概念的完整符号。

③ 限定符号。它是用以提供附加信息的一种加在其他符号上的符号。通常它不能单独使用。有时一般符号也可用作限定符号，如电容器的一般符号加到扬声器符号上即构成电容式扬声器符号。

④ 框形符号。它是用来表示元件、设备等的组合及其功能的一种简单图形符号。既不给出元件、设备的细节，也不考虑所有连接。通常使用在单线表示法中，也可用在全部输入和输出接线的图中。

⑤ 组合符号。它是指通过以上已规定的符号进行适当组合所派生出来的、表示某些特定装置或概念的符号。

（2）图形符号的分类。

新的《电气图用图形符号 总则》国家标准代号为 GB/T 4728.1—1985，采用国际电工委员会（IES）标准，在国际上具有通用性，有利于对外技术交流。GB 4728 电气图用图形符号共分为 13 部分。

① 总则。包括本标准内容提要、名词术语、符号的绘制、编号使用及其他规定。

② 符号要素、限定符号和其他常用符号。包括轮廓和外壳、电流和电压的种类、可变性、力或运动的方向、流动方向、材料的类型、效应或相关性、辐射、信号波形、机械控制、操作件和操作方法、非电量控制、接地、接机壳和等电位、理想电路元件等。

③ 导体和连接件。包括电线、屏蔽或绞合导线、同轴电缆、端子导线连接、插头和插座、电缆终端头等。

④ 基本无源元件。包括电阻器、电容器、电感器、铁氧体磁芯、压电晶体、驻极体等。

⑤ 半导体管和电子管。包括二极管、三极管、电子管等。

⑥ 电能的发生与转换。包括绕组、发电机、变压器等。

⑦ 开关、控制和保护器件。包括触点、开关、开关装置、控制装置、启动器、继电器、接触器和保护器件等。

⑧ 测量仪表、灯和信号器件。包括指示仪表、记录仪表、热电偶、遥测装置、传感器、灯、电铃、蜂鸣器、喇叭等。

⑨ 电信：交换和外围设备。包括交换系统、选择器、电话机、电报和数据处理设备、传真机等。

⑩ 电信：传输。包括通信电路、天线、波导管器件、信号发生器、激光器、调制器、解调器、光纤传输线路器件等。

⑪ 建筑安装平面布置图。包括发电站、变电所、网络、音响和电视的分配系统、建筑用设备、露天设备。

⑫ 二进制逻辑元件。包括计数器、存储器等。

⑬ 模拟元件。包括放大器、函数器、电子开关等。

常用电气图形符号见表1-5。

表1-5 电气图形常用图形符号

序号	图形符号	说明
1		直流电 电压可标注在符号右边，系统类型可标注在左边
2		交流电 频率或频率范围可标注在符号的左边
3		交直流
4		正极性
5		负极性
6		运动方向或力
7		能量、信号传输方向
8		接地符号
9		接机壳
10		等电位
11		故障
12		导线的连接
13		导线跨越而不连接
14		电阻器的一般符号

续表

序号	图形符号	说明
15		电容器的一般符号
16		电感器、线圈、绕组、扼流圈
17		原电池或蓄电池
18		动合（常开）触点
19		动断（常闭）触点
20		延时闭合的动合（常开）触点 带时限的继电器和接触器触点
21		延时断开的动合（常开）触点
22		延时闭合的动断（常闭）触点
23		延时断开的动断（常闭）触点
24		手动开关的一般符号
25		按钮开关
26		位置开关，动合触点 限制开关，动合触点

续表

序号	图形符号	说明
27		位置开关，动断触点 限制开关，动断触点
28		多极开关的一般符号，单线表示
29		多极开关的一般符号，多线表示
30		隔离开关的动合（常开）触点
31		负荷开关的动合（常开）触点
32		断路器（自动开关）的动合（常开）触点
33		接触器动合（常开）触点
34		接触器动断（常闭）触点
35		继电器、接触器等的线圈一般符号
36		缓吸线圈（带时限的电磁电器线圈）

续表

序号	图形符号	说明
37		缓放线圈（带时限的电磁电器线圈）
38		热继电器的驱动器件
39		热继电器的触点
40		熔断器的一般符号
41		熔断器式开关
42		熔断器式隔离开关
43		跌开式熔断器
44		避雷器
45		避雷针
46		电机的一般符号 C – 同步变流机 G – 发电机 GS – 同步发电机 M – 电动机 MG – 能作为发电机或电动机使用的电机 MS – 同步电动机 SM – 伺服电机 TG – 测速发电机 TM – 力矩电动机 IS – 感应同步器

续表

序号	图形符号	说明
47	Ⓜ	交流电动机
48		双绕组变压器，电压互感器
49		三绕组变压器
50		电流互感器
51		电抗器，扼流圈
52		自耦变压器
53	Ⓥ	电压表
54	Ⓐ	电流表
55	cosφ	功率因数表
56	Wh	电度表
57		钟
58		电铃
59		电喇叭
60		蜂鸣器
61		调光器
62	t	限时装置

续表

序号	图形符号	说明
63		导线、导线组、电线、电缆、电路、传输通路等线路母线一般符号
64		中性线
65		保护线
66		灯的一般符号
67		电杆的一般符号
68		端子板
69		屏、台、箱、柜的一般符号
70		动力或动力—照明配电箱
71		单相插座
72		密闭（防水）
73		防爆
74		电信插座的一般符号 可用文字和符号加以区别： TP—电话 TX—电传 TV—电视 *—扬声器 M—传声器 FM—调频
75		开关的一般符号
76		钥匙开关
77		定时开关
78		阀的一般符号

续表

序号	图形符号	说明
79		电磁制动器
80		按钮的一般符号
81		按钮盒
82		电话机的一般符号
83		传声器的一般符号
84		扬声器的一般符号
85		天线的一般符号
86		放大器的一般符号 中断器的一般符号，三角形指传输方向
87		分线盒的一般符号
88		室内分线盒
89		室外分线盒
90		变电所
91		杆式变电所
92		室外箱式变电所
93		自耦变压器式启动器
94		真空二极管

续表

序号	图形符号	说明
95		真空三极管
96		整流器框形符号

2. 电气设备用图形符号

（1）电气设备用图形符号的用途。

电气设备用图形符号是完全区别于电气图用图形符号的另一类符号。设备用图形符号主要用于各种类型的电气设备或电气设备部件，使操作人员了解其用途和操作方法。这些符号也可用于安装或移动电气设备的场合，以指出诸如禁止、警告、规定或限制等应注意的事项。

在电气图中，尤其是在某些电气平面图、电气系统说明书用图等图中，也可以适当地使用这些符号，以补充这些图形所包含的内容。

设备用图形符号与电气简图用图符号的形式大部分是不同的。但有一些也是相同的，不过含义大不相同。例如，设备用熔断器图形符号虽然与电气简图符号的形式是一样的，但电气简图用熔断器符号表示的是一类熔断器，而设备用图形符号如果标在设备外壳上，则表示熔断器盒及其位置；如果标在某些电气图上，也仅仅表示这是熔断器的安装位置。

（2）常用设备用图形符号。

电气设备用图形符号分为 6 个部分：通用符号，广播、电视及音响设备符号，通信、测量、定位符号，医用设备符号，电话教育设备符号，家用电器及其他符号，如表 1-6 所示。

表 1-6 常用设备用图形符号

序号	名称	符号	应用范围
1	直流电		适用于直流电的设备的铭牌上，以及用来表示直流电的端子
2	交流电		适用于交流电的设备的铭牌上，以及用来表示交流电的端子
3	正极		表示使用或产生直流电设备的正端
4	负极		表示使用或产生直流电设备的负端

续表

序号	名称	符号	应用范围
5	电池检测		表示电池测试按钮和表明电池情况的灯或仪表
6	电池定位		表示电池盒本身及电池的极性和位置
7	整流器		表示整流设备及其有关接线端和控制装置
8	变压器		表示电气设备可通过变压器与电力线连接的开关、控制器、连接器或端子,也可用于变压器包封或外壳上
9	熔断器		表示熔断器盒及其位置
10	测试电压		表示该设备能承受500 V的测试电压
11	危险电压		表示危险电压引起的危险
12	接地		表示接地端子
13	保护接地		表示在发生故障时防止电击的与外保护导线相连接的端子,或与保护接地相连接的端子
14	接机壳、接机架		表示连接机壳、机架的端子
15	输入		表示输入端
16	输出		表示输出端
17	过载保护装置		表示一个设备装有过载保护装置
18	通		表示已接通电源,必须标在开关的位置
19	断		表示已与电源断开,必须标在开关的位置
20	可变性(可调性)		表示量的被控方式,被控量随图形的宽度而增加
21	调到最小		表示量值调到最小值的控制

续表

序号	名称	符号	应用范围
22	调到最大		表示量值调到最大值的控制
23	灯、照明设备		表示控制照明光源的开关
24	亮度、辉度		表示亮度调节器、电视接收机等设备的亮度、辉度控制
25	对比度		表示电视接收机等的对比度控制
26	色饱和度		表示彩色电视机等设备上的色彩饱和度控制

二、电气技术中的文字符号和项目代号

一个电气系统或一种电气设备通常由各种基本件、部件、组件等组成，为了在电气图上或其他技术文件中表示这些基本件、部件、组件，除了采用各种图形符号外，还须标注一些文字符号和项目代号，以区别这些设备及线路的不同功能、状态和特征等。

1. 文字符号

文字符号通常由基本文字符号、辅助文字符号和数字组成。用于提供电气设备、装置和元器件的种类字母代码和功能字母代码。

（1）基本文字符号。

基本文字符号可分为单字母符号和双字母符号两种。

① 单字母符号。单字母符号是由单个英文字母表示的基本文字符号。将各种电气设备、装置和元器件划分为 23 大类，每一大类用一个专用字母符号表示，如"R"表示电阻类，"Q"表示电力电路的开关器件等，如表 1-7 所示。其中，"I"、"O"易同阿拉伯数字"1"和"0"混淆，不允许使用，字母"J"也未采用。

表 1-7 电气设备常用的单字母符号

符号	项目种类	举例
A	组件、部件	分离元件放大器、磁放大器、激光器、微波激光器、印制电路板等组件、部件
B	变换器（从非电量到电量或相反）	热电传感器、热电偶

续表

符号	项目种类	举例
C	电容器	
D	二进制单元 延迟器件 存储器件	数字集成电路和器件、延迟线、双稳态元件、单稳态元件、磁芯储存器、寄存器、磁带记录机、盘式记录机
E	杂项	光器件、热器件、本表其他地方未提及元件
F	保护电器	熔断器、过电压放电器件、避雷器
G	发电机 电源	旋转发电机、旋转变频机、电池、振荡器、石英晶体振荡器
H	信号器件	光指示器、声指示器
J	—	—
K	继电器、接触器	
L	电感器、电抗器	感应线圈、线路陷波器、电抗器
M	电动机	
N	模拟集成电路	运算放大器、模拟/数字混合器件
P	测量设备、试验设备	指示、记录、计算、测量设备、信号发生器、时钟
Q	电力电路开关	断路器、隔离开关
R	电阻器	可变电阻器、电位器、变阻器、分流器、热敏电阻
S	控制电路的开关选择器	控制开关、按钮、限制开关、选择开关、选择器、拨号接触器、连接级
T	变压器	电压互感器、电流互感器
U	调制器、变换器	鉴频器、解调器、变频器、编码器、逆变器、电报译码器
V	电真空器件 半导体器件	电子管、气体放电管、晶体管、晶闸管、二极管
W	传输导线 波导、天线	导线、电缆、母线、波导、波导定向耦合器、偶极天线、抛物面天线
X	端子、插头、插座	插头和插座、测试塞空、端子板、焊接端子、连接片、电缆封端和接头
Y	电气操作的机械装置	制动器、离合器、气阀
Z	终端设备、混合变压器、滤波器、均衡器、限幅器	电缆平衡网络、压缩扩展器、晶体滤波器、网络

② 双字母符号。双字母符号是由表1-8中的一个表示种类的单字母符号与另一个字母组成，其组合形式为：单字母符号在前、另一个字母在后。双字母符号可以较详细和更具体地表达电气设备、装置和元器件的名称。双字母符号中的另一个字母通常选用该类设备、装置和元器件的英文名词的首位字母，或常用缩略语，或约定俗成的习惯用字母。例如，"G"为同步发电机的英文名，则同步发电机的双字母符号为"GS"。

电气图中常用的双字母符号见表1-8。

表1-8 电气图中常用的双字母符号

序号	设备、装置和元器件种类	名称	单字母符号	双子母符号
1	组件和部件	天线放大器	A	AA
		控制屏		AC
		晶体管放大器		AD
		应急配电箱		AE
		电子管放大器		AV
		磁放大器		AM
		印制电路板		AP
		仪表柜		AS
		稳压器		AS
2	电量到电量变换器或电量到非电量变换器	变换器	B	
		扬声器		
		压力变换器		BP
		位置变换器		BQ
		速度变换器		BV
		旋转变换器（测速发电机）		BR
		温度变换器		BT
3	电容器	电容器	C	
		电力电容器		CP

续表

序号	设备、装置和元器件种类	名称	单字母符号	双字母符号
4	其他元器件	本表其他地方未规定器件	E	
		发热器件		EH
		发光器件		EL
		空气调节器		EV
5	保护器件	避雷器	F	FL
		放电器		FD
		具有瞬时动作的限流保护器件		FA
		具有延时动作的限流保护器件		FR
		具有瞬时和延时动作的限流保护器件		FS
		熔断器		FU
		限压保护器件		FV
6	信号发生器发电机电源	发电机	G	
		同步发电机		GS
		异步发电机		GA
		蓄电池		GB
		直流发电机		GD
		交流发电机		GA
		永磁发电机		GM
		水轮发电机		GH
		汽轮发电机		GT
		风力发电机		GW
		信号发生器		GS
7	信号器件	声响指示器	H	HA
		光指示器		HL
		指示灯		HL
		蜂鸣器		HZ
		电铃		HE

续表

序号	设备、装置和元器件种类	名 称	单字母符号	双字母符号
8	继电器和接触器	继电器	K	
		电压继电器		KV
		电流继电器		KA
		时间继电器		KT
		频率继电器		KF
		压力继电器		KP
		控制继电器		KC
		信号继电器		KS
		接地继电器		KE
		接触器		KM
9	电感器和电抗器	扼流线圈	L	LC
		励磁线圈		LE
		消弧线圈		LP
		陷波器		LT
10	电动机	电动机	M	
		直流电动机		MD
		力矩电动机		MT
		交流电动机		MA
		同步电动机		MS
		绕线转子异步电动机		MM
		伺服电动机		MV
11	测量设备和试验设备	电流表	P	PA
		电压表		PV
		（脉冲）计数器		PC
		频率表		PF
		电能表		PJ
		温度计		PH

续表

序号	设备、装置和元器件种类	名称	单字母符号	双字母符号
		电钟		PT
		功率表		PW
12	电力电路的开关器件	断路器	Q	QF
		隔离开关		QS
		负荷开关		QL
		自动开关		QA
		转换开关		QC
		刀开关		QK
		转换（组合）开关		QT
13	电阻器	电阻器、变阻器	R	
		附加电阻器		RA
		制动电阻器		RB
		频敏变阻器		RF
		压敏电阻器		RV
		热敏电阻器		RT
		启动电阻器（分流器）		RS
		光敏电阻器		RL
		电位器		RP
14	控制电路的开关选择器	控制开关	S	SA
		选择开关		SA
		按钮开关		SB
		终点开关		SE
		限位开关		SLSS
		微动开关		
		接近开关		SP
		行程开关		ST
		压力传感器		SP

续表

序号	设备、装置和元器件种类	名 称	单字母符号	双字母符号
		温度传感器		ST
		位置传感器		SQ
		电压表转换开关		SV
15	变压器	变压器	T	
		自耦变压器		TA
		电流互感器		TA
		控制电路电源用变压器		TC
		电炉变压器		TF
		电压互感器		TV
		电力变压器		TM
		整流变压器		TR
16	调制变换器	整流器	U	
		解调器		UD
		频率变换器		UF
		逆变器		UV
		调制器		UM
		混频器		UM
17	电子管、晶体管	控制电路用电源的整流器	V	VC
		二极管		VD
		电子管		VE
		发光二极管		VL
		光敏二极管		VP
		晶体管		VR
		晶体三极管		VT
		稳压二极管		VV
18	传输通道、波导和天线	导线、电缆	W	
		电枢绕组		WA

续表

序号	设备、装置和元器件种类	名称	单字母符号	双字母符号
		定子绕组		WC
		转子绕组		WE
		励磁绕组		WR
		控制绕组		WS
19	端子、插头、插座	输出口	X	XA
		连接片		XB
		分支器		XC
		插头		XP
		插座		XS
		端子板		XT
20	电器操作的机械器件	电磁铁	Y	YA
		电磁制动器		YB
		电磁离合器		YC
		防火阀		YF
		电磁吸盘		YH
		电动阀		YM
		电磁阀		YV
		牵引电磁铁		YT
21	终端设备、滤波器、均衡器、限幅器	衰减器	Z	ZA
		定向耦合器		ZD
		滤波器		ZF
		终端负载		ZL

（2）辅助文字符号。

辅助文字符号是用来表示电气设备、装置和元器件以及线路的功能、状态和特征的。例如，"ACC"表示加速，"BRK"表示制动等。辅助文字符号也可以放在表示种类的单字母符号后边组成双字母符号，例如"SP"表示压力传感器。若辅助文字符号由两个以上字母组成时，为了简化文字符号，只允许采用第一位字母进行组合，如"MS"表示同步电动机。辅助文字符号还可以单独使用,如"OFF"表示断开,"DC"表示直流等。辅助文字符号一般不能超过3位字母。

电气图中常用的辅助文字符号如表1-9所示。

表1-9 电气图中常用的辅助文字符号

序号	名称	符号	序号	名称	符号
1	电流	A	29	低,左,限制	L
2	交流	AC	30	闭锁	LA
3	自动	AUT	31	主,中,手动	M
4	加速	ACC	32	手动	MAN
5	附加	ADD	33	中性线	N
6	可调	ADJ	34	断开	OFF
7	辅助	AUX	35	闭合	ON
8	异步	ASY	36	输出	OUT
9	制动	BRK	37	保护	P
10	黑	BK	38	保护接地	PE
11	蓝	BL	39	保护接地与中性线共用	PEN
12	向后	BW	40	不保护接地	PU
13	控制	C	41	反,右,记录	R
14	顺时针	CW	42	红	RD
15	逆时针	CCW	43	复位	RST
16	降	D	44	备用	RES
17	直流	DC	45	运转	RUN
18	减	DEC	46	信号	S
19	接地	E	47	启动	ST
20	紧急	EM	48	置位,定位	SET
21	快速	F	49	饱和	SAT
22	反馈	FB	50	步进	STE
23	向前,正	FW	51	停止	STP
24	绿	GN	52	同步	SYN

续表

序号	名称	符号	序号	名称	符号
25	高	H	53	温度，时间	T
26	输入	IN	54	真空，速度，电压	V
27	增	ING	55	白	WH
28	感应	IND	56	黄	YE

（3）文字符号的组合。

文字符号的组合形式一般为：基本符号+辅助符号+数字序号。

例如，第一台电动机，其文字符号为 M1；第一个接触器，其文字符号为 KM1。

（4）特殊用途文字符号。

在电气图中，一些特殊用途的接线端子、导线等通常采用一些专用的文字符号。例如，三相交流系统电源分别用"L1、L2、L3"表示，三相交流系统的设备分别用"U、V、W"表示。

2. 项目代号

（1）项目代号的组成。

项目代号是用以识别图、图表、表格和设备上的项目种类，并提供项目的层次关系、实际位置等信息的一种特定的代码。每个表示元件或其组成部分的符号都必须标注其项目代号。在不同的图、图表、表格、说明书中的项目和设备中的该项目均可通过项目代号相互联系。

完整的项目代号包括 4 个相关信息的代号段。每个代号段都用特定的前缀符号加以区别。完整项目代号的组成如表 1-10 所示。

表 1-10 完整项目代号的组成

代号段	名称	定义	前缀符号	示例
第 1 段	高层代号	系统或设备中任何较高层次（对给予代号的项目而言）项目的代号	=	=S2
第 2 段	位置代号	项目在组件、设备、系统或建筑物中的实际位置的代号	+	+C15
第 3 段	种类代号	主要用以识别项目种类的代号	—	—G6
第 4 段	端子代号	用以外电路进行电气连接的电器导电件的代号	:	:11

(2) 高层代号的构成。

一个完整的系统或成套设备中任何较高层次项目的代号，称为高层代号。例如，S1 系统中的开关 Q2，可表示为 =S1-Q2，其中"S1"为高层代号。

X 系统中的第 2 个子系统中第 3 个电动机，可表示为 =2-M3，简化为 =X1-M2。

(3) 位置代号的构成。

项目在组件、设备、系统或建筑物中的实际位置的代号，称为位置代号。通常位置代号由自行规定的拉丁字母或数字组成。在使用位置代号时，应给出表示该项目位置的示意图。

(4) 种类代号的构成。

用以识别项目种类的代码，称为种类代号。通常，在绘制电路图或逻辑图等电气图时就要确定项目的种类代号。确定项目的种类代号的方法有 3 种。

第 1 种方法，也是最常用的方法，是由字母代码和图中每个项目规定的数字组成。按这种方法选用的种类代码还可补充一个后缀，即代表特征动作或作用的字母代码，称为功能代号。可在图上或其他文件中说明该字母代码及其表示的含义。例如，—K2M 表示具有功能为 M 的序号为 2 的继电器。一般情况下，不必增加功能代号。如需增加，为了避免混淆，位于复合项目种类代号中间的前缀符号不可省略。

第 2 种方法，是仅用数字序号表示。给每个项目规定一个数字序号，将这些数字序号和它代表的项目排列成表放在图中或附在另外的说明中。例如，-2、-6 等。

第 3 种方法，是仅用数字组。按不同种类的项目分组编号。将这些编号和它代表的项目排列成表置于图中或附在图后。例如，在具有多种继电器的图中，时间继电器用 11、12、13 等表示。

(5) 端子代号的构成。

端子代号是完整的项目代号的一部分。当项目具有接线端子标记时，端子代号必须与项目上端子的标记相一致。端子代号通常采用数字或大写字母，特殊情况下也可用小写字母表示。例如，-Q3:B 表示隔离开关 Q3 的 B 端子。

(6) 项目代号的组合。

项目代号由代号段组成。一个项目可以由一个代号段组成，也可以由几个代号段组成。通常项目代号可由高层代号和种类代号进行了组合，设备中的任一项目均可用高层代号和种类代号组成一个项目代号，例如 =2-G3；也可由位置代号和种类代号进行了组合，例如 +5-G2；还可先将高层代号和种类代号组合，用以识别项目，再加上位置代号，提供项目的实际安装位置，

例如 =P1 - Q2 + C5S6M10 表示 P1 系统中的开关 Q2，位置在 C5 室 S6 列控制柜 M10 中。

任务三　识读电气图的基本表示方法

引言

在电气原理图和接线图中，有时须要把一些大家共知的接线表示成单线形式，所以了解电气图的基本表示法，还是很有必要的。

学习目标

（1）掌握电气图的基本表示方法和电气元器件的表示方法。
（2）掌握导线的标识方法。

过程描述

（1）图纸的准备。为学生准备三幅不同表示法绘制的电气原理图，即一幅单线表示法绘制的电气原理图、一幅多线表示法绘制的电气原理图和一幅混合表示法绘制的电气原理图。
（2）图纸的识读。读三幅电气图，学习图纸各种表示法的区别和优缺点。

过程分析

识读图纸，比较各种表示法。

新知识储备

一、电路的多线表示法和单线表示法

电气图上各种图形符号之间的相互连线，可能是传输能量流、信息流的导线，也可能是表示逻辑流、功能流的某种图线。

按照电路图中图线的表达线数不同，连接线可分为多线表示法、单线表示法和混合表示法共 3 种。

1. 多线表示法

在图中，电气设备的每根连接线各用一条图线表示的方法，称为多线表示法。其中大多是三线，图 1-16 就是一个具有正、反转的电动机主电路，多线表示法能比较清楚地看出电路工作原理，尤其是在各相或各线不对称的

场合下宜采用这种表示法。但它图线太多,作图麻烦,特别是对于比较复杂的设备,交叉就多,反而使图形显得繁杂难懂。因此,多线表示法一般用于表示各相或各线内容的不对称或者要详细表示各相或各线的具体连接方法的场合。

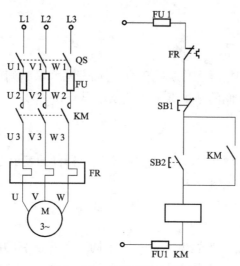

图 1－16 多线表示法例图

2. 单线表示法

在图中,电气设备的两根或两根以上(大多是表示三相系统的三根)连接线或导线,只用一根图线表示的方法,称为单线表示法。图 1－18 是用单线表示的具有正、反转的电动机主电路图。这种表示法主要适用于三相电路或各线基本对称的电路图中。凡是不对称的部分,例如,三相三线、三相四线制供配电系统电路中的互感器、继电器接线部分,则应在图的局部画成多线的图形符号来标明,或另外用文字符号说明。例如,图 1－17 中热继电器是两相的,图中标注了"2"。单线表示法易于绘制,清晰易读。

3. 混合表示法

在一个图中,一部分采用单线表示法,一部分采用多线表示法,称为混合表示法,如图 1－18 所示。为了表示三相绕组的连接情况,该图用了多线表示法;为了说明两相热继电器,也用了多线表示法;其余的断路器 QF、熔断器 FU、接触器 KM1 都是三相对称,采用单线表示。这种表示法具有单线表示法简洁精练的优点,又有多线表示法描述精确、充分的优点。

项目一　电气图纸的认识　49

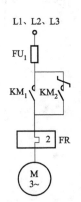
图1-17　单线表示法例图

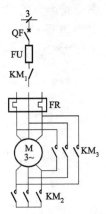
图1-18　Y-△切换主电路的混合表示

二、电气元件的集中表示法和分开表示法

电气元件、器件和设备的功能、特性、外形、结构、安装位置及其在电路中的连接，在不同电气图中有不同的表示方法。同一个电气元器件往往有多种图形符号，如方框符号、简化外形符号、一般符号等；在一般符号中，既有简单符号，也有包括各种符号要素和限定符号的完整符号。

电气元件在电气图中通常采用图形符号来表示，绘出其电气连接，在符号旁标注项目代号（文字符号），必要时还标注有关的技术数据。电气元件在电气图中完整图形符号的表示方法有：集中表示法、分开表示法和半集中表示法。

1. 集中表示法

把设备或成套装置中的一个项目各组成部分的复合图形符号，在简图上绘制在一起的方法，称为集中表示法。在集中表示法中，各组成部分用机械连接线（虚线）互相连接起来，连接线必须是一条直线，这种表示法只适用于简单的电路图。

图1-19是两个项目，DL-10系列电磁式电流继电器KA有一个线圈和两对触头，交流接触器KM有一个线圈和三对触头，它们分别用机械连接线联系起来，各自构成一体。

2. 分开表示法

分开表示法又称展开表示法，是把同一项目中的不同部分（有功能联

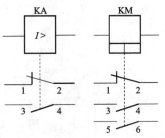
图1-19　完整图形符号的集中表示法

系的元器件）的图形符号，在简图上按不同功能和不同回路分散在图上，并使用项目代号（文字符号）表示它们之间关系的表示方法。不同部分的图形符号用同一项目代号表示，如图1-20所示。

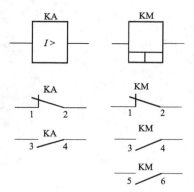

图1-20 完整图形符号的分开表示法

分开表示法可使图中的点画线少，避免图线交叉，因而使图面更简洁清晰，而且给分析回路功能及标注回路标号也带来了方便。但是在看图时，要寻找各组成部分比较困难，必须纵观全局图，把同一项目的图形符号在图中全部找出，否则在看图时就可能会遗漏。为了看清元件、器件和设备各组成部分，便于寻找其在图中的位置，分开表示法可与半集中表示法结合起来，或者采用插图、表格表示各部分的位置。

3. 半集中表示法

为了使设备和装置的电路布局清晰，易于识别，把同一个项目（通常用于具有机械功能联系的元器件）中某些部分的图形符号在简图上集中表示，把某些部分的图形符号在简图中分开布置，并用机械连接符号（虚线）把它们连接起来，称为半集中表示法。例如，图1-21中，交流接触器KM具有一个线圈、三对主触头和一对辅助触头，使用了半集中表示法，表达很清楚。在半集中表示中，机械连接线可以弯折、分支和交叉。

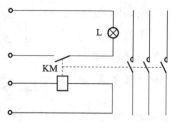

图1-21 半集中表示法示例

必须注意：在电气图中，电气元器件的可动部分均按"正常状态"表示。

4. 项目代号的标注方法

采用集中表示法和半集中表示法绘制的元件,其项目代号只在图形符号旁标出并与机械连接线对齐,如图 1-21 中所示的 KM。

采用分开表示法绘制的元件,其项目代号应在项目的每一部分自身符号旁标注。必要时,对同一项目的同类部件(如各辅助开关、各触点)可加注序号。

标注项目代号时应注意以下几点。

① 项目代号的标注位置尽量靠近图形符号。

② 图线水平布局的图、项目代号应标注在符号上方。图线垂直布局的图、项目代号标注在符号的左方。

③ 项目代号中的端子代号应标注在端子或端子位置的旁边。

④ 对围框的项目代号应标注在其上方或右方。

三、元件接线端子的表示方法

1. 端子及其图形符号

在电气元器件中,用以连接外部导线的导电元器件,称为端子。端子分为固定端子和可拆卸端子两种,固定端子用图形符号"○"或"●"表示,可拆卸端子则用"ϕ"表示。

装有多个互相绝缘并通常对地绝缘的端子的板、块或条,称为端子板或端子排。端子板常用加数字编号的方框表示,如图 1-22 所示。

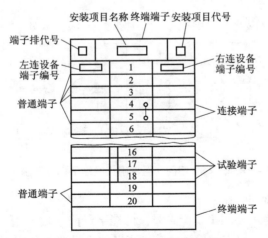

图 1-22 端子排及端子标志图例

2. 以字母、数字符号标志接线端子的原则和方法

电气元器件接线端子标记由拉丁字母和阿拉伯数字组成,如 U1、1U1、

也可不用字母而简化成 1、1.1 或 11 的形式。

接线端子的符号标志方法，通常应遵守以下原则。

(1) 单个元器件。

单个元器件的两个端点用连续的两个数字表示，如图 1-23（a）所示绕组的两个接线端子分别用 1 和 2 表示；单个元器件的中间各端子一般用自然递增数字表示，如图 1-23（b）所示的绕组中间抽头端子用 3 和 4 表示。

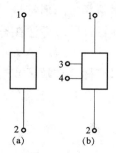

图 1-23　单个元器件接线端子标志示例

(2) 相同元器件组。

如果几个相同的元器件组合成一个组，则各个元器件的接线端子可按下述方式标志。

① 在数字前冠以字母，例如标志三相交流系统电器端子的字母 U1、V1、W1 等，如图 1-24（a）所示。

② 当不需要区别不同相序时，可用数字标志，如图 1-24（b）所示。

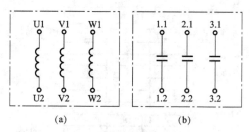

图 1-24　相同元器件组接线端子标志示例

(3) 同类元器件组。

同类元器件组用相同字母标志时，可在字母前（后）冠以数字来区别。例如，图 1-25 中的两组三相异步电动机绕组的接线端子分别用 1U1、2U1……来标志。

项目一 电气图纸的认识　53

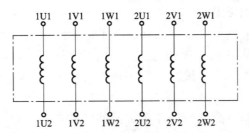

图1-25　同类元器件组接线端子标志示例

例如，图1-26所示的过电流保护电路中表示了继电器KA1、KA2和跳闸线圈YR1、YR2及其线圈、各触点的接线端子表示法。

（4）电器接线端子的标志。

与特定导线相连的电器接线端子标志用的字母符号见表1-11，标志示例如图1-27所示。

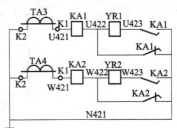

图1-26　过电流保护电路

表1-11　特定电器接线端子的标记符号

序号	电器接线端子的名称		标记符号	序号	电器接线端子的名称	标记符号
1	交流系统	1相	U	2	保护接地	PE
		2相	V	3	接地	E
		3相	W	4	无噪声接地	TE
		中性线	N	5	机壳或机架	MM
				6	等电位	CC

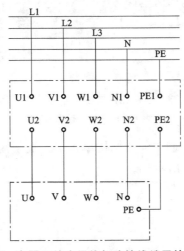

图1-27　电器和特定导线相连接线端子的标志示例

3. 端子代号的标注方法

在许多图上，电气元件、器件和设备不但标注项目代号，还应标注端子代号。端子代号可按以下 3 种情况进行标注。

（1）电阻器、继电器、模拟和数字硬件的端子代号应标在其图形符号的轮廓线外面。

符号轮廓线内的空隙留作标注有关元件的功能和注解，如关联符、加权系数等。作为示例，图 1-28 列举了电阻器、求和模拟单元、与非功能模拟单元、编码器的端子代号的标注方法。

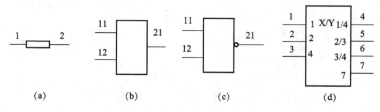

图 1-28　模拟和数字硬件的端子代号标注示例
（a）电阻器符号；（b）求和模拟单元符号；
（c）与非功能模拟单元符号；（d）编码器符号

（2）对用于现场连接、试验和故障查找的连接器件（如端子、插头和插座等）的每一连接点都应标注端子代号。图 1-29 给出了接线端子板和多极插头插座的端子代号的标注方法。

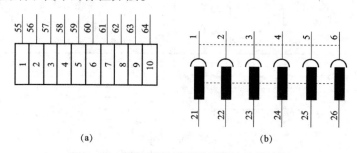

图 1-29　连接器件端子代号标注方法示例
（a）端子板；（b）多极插头插座

（3）在画有围框的功能单元或结构单元中，端子代号必须标注在围框内，以免被误解，如图 1-30 所示。

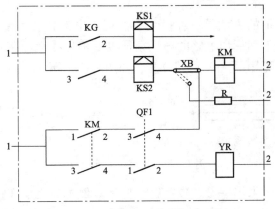

图1-30 围框端子代号标志示例

四、连接线的一般表示方法

在电气线路图中，各元件之间都采用导线连接，起到传输电能、传递信息的作用，所以读图者对连接线的表示应掌握以下要点。

1. 导线的一般表示方法

（1）导线的一般符号。

一般的图线就可表示单根导线，如图1-31（a）所示，它也可用于表示导线组、电线、母线、绞线、电缆、线路及各种电路（能量、信号的传输等），并可根据情况通过图线粗细、加图形符号及文字、数字来区分各种不同的导线，比如图1-31（b）的母线，图1-31（c）的电缆等。

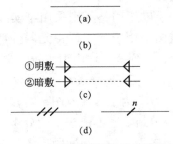

图1-31 导线的一般表示方法及示例

（2）导线根数的表示方法。

对于多根导线，可以分别画出，也可以只画一根图线，但需加标志。当用单线表示几根导线或导线组时，为表示导线实际根数，可在单线上加小短斜线（45°）表示；根数较少（2~3根）时，用短斜线数量代表导线根数；若多于4根，可在小短斜线旁加注数字表示，如图1-31（d）所示。

(3) 导线特征的标注方法。

表示导线特征的方法是：在横线上面标出电流种类、配电系统、频率和电压等；在横线下面标出电路的导线数乘以每根导线截面积（mm^2），当导线的截面不同时，可用"+"将其分开，如图1-32所示。

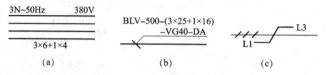

图1-32　导线的表示方法

导线特征通常采用字母、数字符号标注。例如，在图1-32（a）中，在横线上标注出三相四线制交流，频率为50 Hz，线电压为380 V；在横线下方注出导线相线截面为6 mm^2，中性线截面为4 mm^2。要表示导线的型号、截面、安装方法等，可采用短划指引线，加标导线属性和敷设方法，如图1-32（b）所示。该图表示导线的型号为BLV（铝芯塑料绝缘线）；其中3根导线的截面积25 mm^2，1根导线的截面积为16 mm^2；敷设方法为穿入塑料管（VG），塑料管管径为40 mm，沿地板暗敷。要表示电路相序的变换、极性的反向、导线的交换等，可采用交换号表示，如图1-32（c）所示。

2. 图线的粗细

为了突出或区分电路、设备、元器件及电路功能，图形符号及连接线可用图线的粗细不同来表示。常见的有发电机、变压器、电动机的圆圈符号，不仅在大小而且在图线宽度上应与电压互感器和电流互感器的符号有明显区别。一般而言，电源主电路、一次电路、电流回路、主信号通路等采用粗实线；控制回路、二次回路、电压回路等则采用细实线，而母线通常比粗实线还宽一些。电路图、接线图中用于标明设备元器件型号规格的标注框线，及设备元器件明细表的分行、分列线，均用细实线。

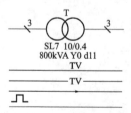

图1-33　连接线标志示例

3. 连接线分组和标记

为了方便看图，对多根平行连接线，应按功能分组。若不能按功能分组，可任意分组，但每组不多于3条，组间距应大于线间距。

为了便于看出连接线的功能或去向，可在连接线上方或连接线中断处作信号名标记或其他标记，如图1-33所示。

4. 导线连接点的表示

导线连接一般有"T"形连接点、多线的"十"字形两种，其标注方法如图 1-34 所示。对于"T"形连接点可加实心圆点"·",也可不加实心圆点,如图 1-34(a)所示。对于"十"字形连接点,必须加实心圆点,如图 1-34(b)所示。

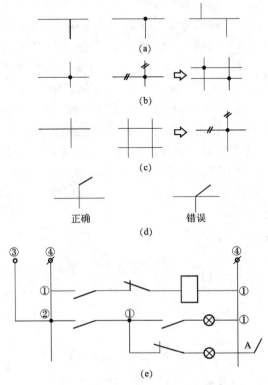

图 1-34 导线连接点的表示方法

凡交叉而不连接的两条或两条以上连接线,在交叉处不得加实心圆点,如图 1-34(c)所示;并应避免在交叉处改变方向,也不得穿过其他连接线的连接点,如图 1-34(d)所示。图 1-34(e)为表示导线连接点的示例。图中连接点①是"T"形连接点,可标也可不标实心圆点;连接点②"·"是属于"十"字形交叉连接点,必须加注实心圆点;连接点③的"。"表示导线与设备端子的固定连接点;而连接点④的符号"ϕ"表示可拆卸(活动)连接点;右下角"A"处表示两导线交叉而不连接。

5. 连接线的连续表示法和中断表示法

为了表示连接线的接线关系和去向,可采用连续表示法和中断表示法。连续表示法是将表示导线的连接线用同一根图线首尾连通的方法;中断表示法则是将连接线中间断开,用符号(通常是文字符号及数字编号)标注其去向的方法。

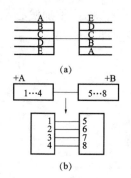

图1-35 连接线表示法

（1）连接线的连续表示法。

连接线既可用多线也可用单线表示。当图线太多（如4条以上）时，为了避免线条太多，使图面清晰、易画易读，对于多条去向相同的连接线常用单线表示法，但单线的两端仍用多线表示，导线组的两端位置不同时，应标注相对应的文字符号，如图1-35（a）所示。当多线导线组相互顺序连接时，可采用图1-35（b）的表示方式。

当导线汇入用单线表示的一组平行连接线时，在汇入处应折向导线走向，其方向应能易于识别连接线进入或离开汇总线的方向，而且每根导线两端应采用相同的标记号，如图1-36（a）所示，即在每根连接线的末端注上相同的标记符号。当需要表示导线的根数时，可按图1-36（b）表示。这种形式在动力、照明平面布置（布线）图中较为常见。

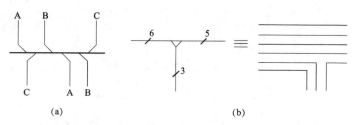

图1-36 汇入导线表示法

（2）连接线的中断表示法。

为了简化线路图或使多张图采用相同的连接表示，连接线一般采用中断表示法。中断线的使用场合及表示方法常有以下四种。

① 去向相同的导线组，在中断处的两端标以相应的文字符号或数字编号，如图1-37所示。

② 两功能单元或设备、元器件之间的连接线，用文字符号及数字编号表示中断，中断表示法的标注采用相对标注法，即在本元件的出线端标注去连接的对方元件的端子号。如图1-38所示，PJ元件的1号端子与CT元件的2号端子相连接，而PJ元件的2号端子与CT元件的1号端子相连接。

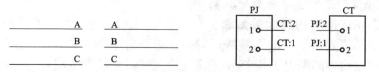

图1-37 导线组的中断表示　　图1-38 中断表示法的相对标注

③ 连接线穿越图线较多的区域时,将连接线中断,在中断处加相应的标记,如图 1-39 所示。

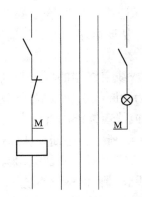

图 1-39　穿越图面的中断线

④ 在同张图中断处的两端给出相同的标记号,并给出导线连接线去向的箭号,如图 1-40 中的 G 标记号。对于不同张的图,应在中断处采用相对标记法,即中断处标记名相同,并标注"图序号/图区位置",如图 1-40 所示。图中断点 L 标记名,在第 20 号图纸上标有"L3/C4",它表示 L 中断处与第 3 号图纸的 C 行 4 列处的 L 断点连接;而在第 3 号图纸上标有"L20/A4",它表示 L 中断处与第 20 号图纸的 A 行 4 列处的 L 断点相连。

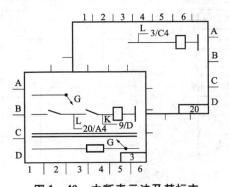

图 1-40　中断表示法及其标志

五、导线的识别标记及其标注方法

(1) 导线的识别标记。

标在导线或线束两端,必要时标在其全长的可见部位(或标在图线上),以识别导线或线束的标记。

(2) 主标记。

只标记导线或线束的特征,而不考虑其电气功能的标记系统。主标记分从属标记、独立标记和组合标记 3 种。

（3）从属标记。

以导线所连接的端子的标记或线束所连接的设备的标记为依据的导线或线束的标记系统。从属标记分从属本端标记、从属远端标记、从属两端标记 3 种，如图 1-41 所示。

① 从属本端标记：导线或线束终端的标记与其所连接的端子或设备部件的标记系统。图 1-42 所示为中断线从属本端标记示例。

② 从属远端标记：导线或线束终端的标记与远端所连接的端子或设备的部件相同的标记系统。图 1-43 所示为中断线从属远端标记示例。

③ 从属两端标记：导线或线束每一端都标出与本端连接的端子标记与远端连接的端子的标记或两端设备部件的标记系统。

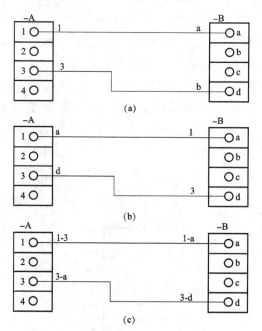

图 1-41 中断线从属标记示例
（a）从属本端标记；（b）从属远端标记；（c）从属两端标记

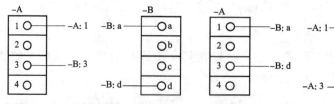

图 1-42 中断线从属本端标记　　图 1-43 中断线从属远端标记

(4) 独立标记。

与导线所连接的端子的标记或线束所连接的设备的标记无关的导线或线束的标记系统。两导线分别标记为 1 和 2，与两端的端子标记无关，此种标记方式只用于连续线方式表示的电气接线图中。

(5) 组合标记。

从属标记和独立标记一起使用的标记系统。如图 1-44 所示，从属本端标记和独立标记一起使用的组合标记，两根导线分别标记为 A1-1-Ba \ A3-2-B4。

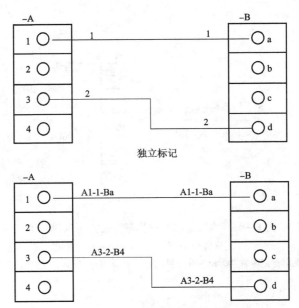

图 1-44 独立标记和从属本端标记的组合

(6) 补充标记。

补充标记一般用作主标记的补充，并且以每一导线或线束的电气功能为依据。补充标记通常用字母或特定符号表示，为避免混淆，用符号将补充标记和主标记分开。

图 1-45 为主标记和补充标记标注方法示例。

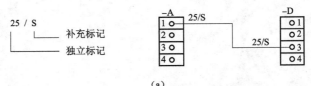

(a)

图 1-45 主标记和补充标记标注方法示例
(a) 独立标记 + 补充标记

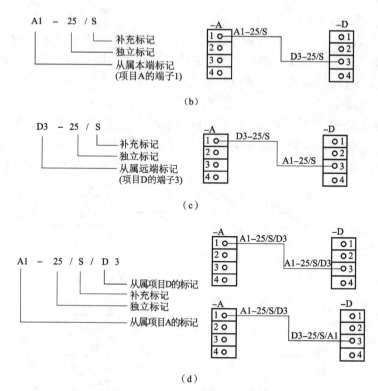

图1-45 主标记和补充标记标注方法示例(续)

(b) 从属本端标记+独立标记+补充标记;

(c) 从属远端标记+独立标记+补充标记;(d) 从属两端标记+独立标记+补充标记

项目二

低压电气图的识绘

学习目标

1. 掌握电动机点动、长动控制的工作原理；
2. 能够独立读懂主电路，包括用电设备、线路连接及保护环节；
3. 能够独立读懂控制电路，包括各环节的构成、相互关系及实现功能等；
4. 掌握电动机顺序启动、停止控制的工作原理；
5. 能够独立读懂主电路，包括用电设备、线路连接及保护环节；
6. 能够独立读懂控制电路，包括各环节的构成、相互关系及实现功能等。

任务一 电机点动、长动控制线路的识绘

引言

在低压电气图中，电机的点动和长动是学习复杂电压电气控制线路的基础，所以本任务立足基础，从最简单的控制电路开始学习。

学习目标

（1）掌握电动机点动、长动控制的工作原理。
（2）能够独立读懂主电路，包括用电设备、线路连接及保护环节。

过程描述

（1）图纸的准备。为学生准备两幅图纸，一份是笼型电机的点动控制电路，一份是笼型电机的长动控制电路。
（2）图纸的识读。读两幅电气图，读懂主电路以及主电路中使用的电气元件，读懂线路的连接情况，明白保护环节的工作原理。

过程分析

读懂电机点动和长动控制线路的工作原理很重要，理解点动和自锁控制

线路的作用，为识读复杂的电气图纸打下基础。

新知识储备

一、低压电器

凡是对电能的生产、输送、分配和应用能起到切换、控制、调节、检测以及保护等作用的电工器械，均称为电器。低压电器通常是指在交流 1 200 V 及其以下、直流 1 500 V 及其以下的电路中使用的电器。

1. 低压电器的分类

低压电器是指工作在交流电压 1 200 V、直流电压 1 500 V 及其以下的各种电器。生产机械上大多用低压电器。低压电器种类繁多，按其结构、用途及所控制对象的不同，有不同的分类。

（1）按用途和控制对象不同，可将低压电器分为配电电器和控制电器。

用于电能的输送和分配的电器称为低压配电电器，这类电器包括刀开关、转换开关、空气断路器和熔断器等。用于各种控制电路和控制系统的电器称为控制电器，这类电器包括接触器、启动器和各种控制继电器等。

（2）按操作方式不同，可将低压电器分为自动电器和手动电器。

通过电器本身参数变化或外来信号（如电、磁、光、热等）自动完成接通、分断、启动、反向和停止等动作的电器称为自动电器。常用的自动电器有接触器、继电器等。

通过人力直接操作来完成接通、分断、启动、反向和停止等动作的电器称为手动电器。常用的手动电器有刀开关、转换开关和主令电器等。

（3）按工作原理不同，可将低压电器分为电磁式电器和非电量控制电器。

电磁式电器是依据电磁感应原理来工作的电器，如接触器、各类电磁式继电器等。非电量控制电器的工作是靠外力或某种非电量的变化而动作的电器，如行程开关、速度继电器等。

2. 低压电器的作用

低压电器的作用有控制作用、保护作用、测量作用、调节作用、指示作用、转换作用等。

3. 低压电器的基本结构

电磁式低压电器大都有两个主要组成部分，即：感测部分——电磁机构和执行部分——触头系统。

（1）电磁机构。

电磁机构的主要作用是将电磁能量转换成机械能量，带动触头动作，从而完成接通或分断电路的功能。

电磁机构由吸引线圈、铁芯和衔铁3个基本部分组成。

(2) 直流电磁铁和交流电磁铁。

按吸引线圈所通电流性质的不同，电磁铁可分为直流电磁铁和交流电磁铁。

直流电磁铁由于通入的是直流电，其铁芯不发热，只有线圈发热，因此线圈与铁芯接触以利散热，线圈做成无骨架、高而薄的瘦高形，以改善线圈自身散热。铁芯和衔铁由软钢和工程纯铁制成。

交流电磁铁由于通入的是交流电，铁芯中存在磁滞损耗和涡流损耗，线圈和铁芯都发热，所以交流电磁铁的吸引线圈有骨架，使铁芯与线圈隔离并将线圈制成短而厚的矮胖形，以利于铁芯和线圈的散热。铁芯用硅钢片叠加而成，以减小涡流。

当线圈中通以直流电时，气隙磁感应强度不变，直流电磁铁的电磁吸力为恒值。当线圈中通以交流电时，磁感应强度为交变量，交流电磁铁的电磁吸力 F 在 0（最小值）~ F_m（最大值）之间变化，其吸力曲线如图 2-1 所示。在一个周期内，当电磁吸力的瞬时值大于反力时，衔铁吸合；当电磁吸力的瞬时值小于反力时，衔铁释放。所以电源电压每变化一个周期，电磁铁吸合两次、释放两次，使电磁机构产生剧烈的振动和噪声，因而不能正常工作。

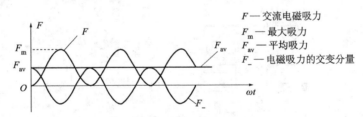

图 2-1 交流电磁铁吸力变化情况

为了消除交流电磁铁产生的振动和噪声，在铁芯的端面开一小槽，在槽内嵌入铜制短路环，如图 2-2 所示。

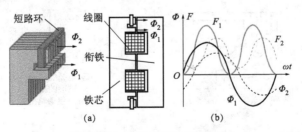

图 2-2 交流电磁铁和短路环
(a) 结构图；(b) 电磁吸力图

(3) 触头系统。

触头是电器的执行部分,起接通和分断电路的作用。

触头主要有两种结构形式:桥式触头和指式触头,具体如图2-3所示。

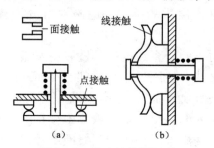

图2-3 触头的结构形式

(a) 桥式触头;(b) 指式触头

(4) 灭弧装置。

在大气中分断电路时,电场的存在使触头表面的大量电子溢出从而产生电弧。电弧一经产生,就会产生大量热能。电弧的存在既烧蚀触头金属表面,降低电器的使用寿命,又延长了电路的分断时间,所以必须迅速把电弧熄灭。

常用的灭弧方法:电动力灭弧、磁吹灭弧、金属栅片灭弧。交流接触器的灭弧装置如图2-4所示,直流接触器的灭弧装置如图2-5所示。

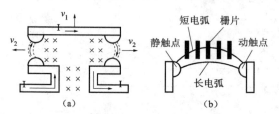

图2-4 交流接触器的灭弧装置

(a) 电动力灭弧;(b) 栅片灭弧

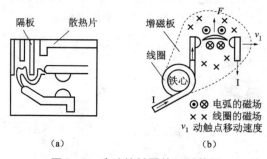

图2-5 直流接触器的灭弧装置

(a) 纵缝灭弧;(b) 磁吹灭弧

二、主令电器

主令电器是一种专门发布命令、直接或通过电磁式继电器间接作用于控制电路的电器。常用来控制电力拖动系统中电动机的启动、停车、调速及制动等。

1. 控制按钮

控制按钮的图形符号和文字符号如图 2-6 所示。

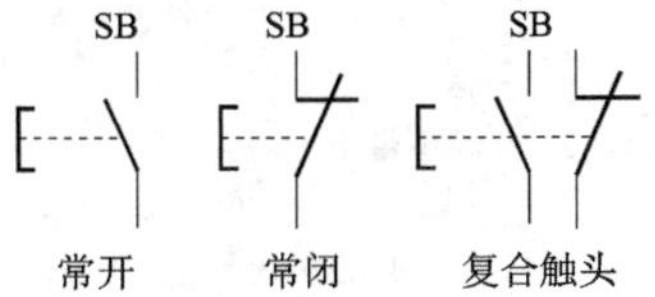

控制按钮的种类很多，指示灯式按钮内可装入信号灯显示信号；紧急式按钮装有蘑菇形钮帽，以便于紧急操作；旋钮式按钮用于扭动旋钮来进行操作。常见按钮的外形如图 2-7 所示。

图 2-6 按钮开关的图形、文字符号

图 2-7 按钮外观图

2. 行程开关

行程开关又称位置开关或限位开关。它的作用与按钮相同，只是其触点的动作不是靠手动操作，而是利用生产机械某些运动部件上的挡铁碰撞其滚轮使触头动作来实现接通或分断电路的。

行程开关的结构分为 3 个部分：操作机构、触头系统和外壳。行程开关的外形及结构如图 2-8 所示。

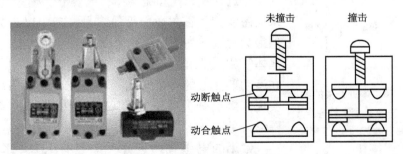

图 2-8 行程开关的结构示意图

行程开关的型号含义和电气符号如图2-9所示。

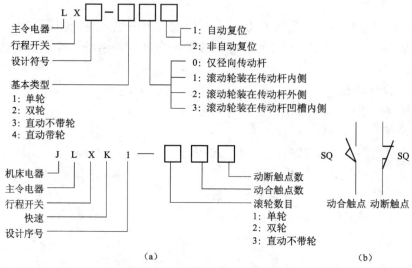

图2-9 行程开关的型号含义和电气符号
(a) 型号含义；(b) 电气符号

3. 接近开关

前述行程开关和微动开关均属接触式行程开关，工作时均有挡块与推杆的机械碰撞和触点的机械分合，在动作频繁时容易发生故障，工作可靠性较低。近年来，随着电子器件的发展和控制装置的需要，一些非接触式的行程开关应运而生，这类产品的特点是，当挡块运动时，无须与开关的部件接触即可发出电信号，故以其使用寿命长、操作频率高、动作迅速可靠而得到了广泛的应用。这类开关有接近开关、光电开关等。

接近开关是一种非接触式的位置开关，它由感应头、高频振荡器、放大器和外壳组成。当运动部件与接近开关的感应头接近时，就使其输出一个电信号。

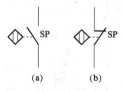

图2-10 接近开关的图形符号、文字符号
(a) 常开触点；(b) 常闭触点

接近开关有高频振荡型、电容型、感应电桥型、永久磁铁型、霍尔效应型等多种，其中以高频振荡型最为常用。高频振荡型接近开关的电路由振荡器、晶体管放大器和输出电路3部分组成，其控制由装在运动部件上的一个金属片移近或离开振荡线圈来实现。接近开关的型号有LJ1、LJ2及LXJ0等，其图形符号和文字符号如图2-10所示。

常用的电感式接近开关型号有LJ1、LJ2等系列，电容式接近开关型号有 LXJ15、TC 等系列。接近开关的外形如图 2-11 所示。

图 2-11　接近开关的外形

4. 万能转换开关

万能转换开关是一种具有多个操作位置，能够换接多个电路的一种手动电器，万能转换开关由凸轮机构、触头系统和定位装置等部分组成。依靠操作手柄带动转轴和凸轮转动，使触头动作或复位，常用的万能转换开关有 LW5、LW6、LW8 等系列。其中 LW6 系列还可装配成双列形式，列与列之间用齿轮啮合，并由公共手柄进行操作，因此装入的触头最多可达 60 对。

万能转换开关常用于需要控制多回路的场合。在操作不太频繁的情况下，也可用于小容量电动机的启动、换速或换向。转换开关的外形图如图 2-12 所示。

图 2-12　转换开关外形图

三、接触器

接触器是一种根据外来输入信号利用电磁铁操作，频繁地接通或断开交、直流主电路及大容量控制电路的自动切换电器。主要用于控制电动机、电焊机、电热设备、电容器组等。其工作原理为：当电磁铁线圈得电，电磁铁吸合时，带动接触器触头闭合，使电路接通；当电磁铁线圈失电时，电磁铁在弹簧力作用下释放，接触器触头断开，使电路切断。

接触器不仅能实现远距离集中控制，而且操作频率高、控制容量大，具有低压释放保护、工作可靠、使用寿命长和体积小等优点，是继电器—接触器控制系统中最重要和最常用的元件之一。

接触器的基本参数包括：主触头的额定电压、主触头允许切断电流、触头数、线圈电压、操作频率、机械寿命和电寿命等。现代生产的接触器，其额定电流最大可达 2 500 A，允许接通次数为 150~1 500 次/h，总寿命可达到 1 500 万~2 000 万次。常见接触器如图 2-13 所示。

图 2-13 接触器外形图

1. 接触器的结构及工作原理

如图 2-14 所示，交流接触器主要由电磁机构（包括电磁线圈 5、铁芯 6 和衔铁 4）、触头系统（主触头 1 和辅助触头 2、3）、灭弧装置 7、弹簧 8 及其他部分组成。

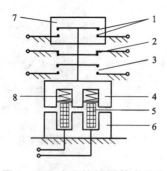

图 2-14 交流接触器基本结构

1—主触点；2—辅助常闭触点；3—辅助常开触点；4—衔铁；
5—电磁线圈；6—静铁芯；7—灭弧罩；8—弹簧

如图2-14所示，当接触器线圈5通电后，在铁芯6中产生磁通及电磁吸力。此电磁吸力克服弹簧反力使得衔铁4吸合，带动触点机构1、2和3动作，常闭触点打开，常开触点闭合、互锁或接通线路。线圈失电或线圈两端电压显著降低时，电磁吸力小于弹簧反力，使得衔铁释放，触点机构复位，解除互锁或断开线路。

2. 接触器的主要技术参数及型号

接触器的主要技术参数有：额定电压，额定电流，吸引线圈额定电压，通断能力，电气寿命和机械寿命，以及额定操作频率（次/h）等。接触器的型号含义及电气符号如图2-15所示。

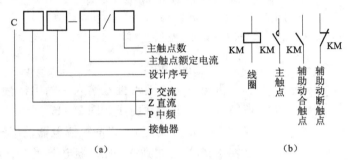

图 2-15 接触器的型号含义及电气符号
(a) 型号含义；(b) 电气符号

四、继电器

继电器是根据一定的信号（如电流、电压、时间和速度等物理量）的变化来接通或分断小电流电路和电器的自动控制电器。

1. 电磁式继电器

（1）结构及工作原理。

继电器一般由3个基本部分组成：检测机构、中间机构和执行机构。

低压控制系统中的控制继电器大部分为电磁式结构。图2-16为电磁式继电器的典型结构示意图。电磁式继电器由电磁机构和触头系统两个主要部分组成。电磁机构由线圈1、铁芯2、衔铁7组成。触头系统由于其触点都接在控制电路中，且电流小，故不装设灭弧装置。它的触点一般为桥式触点，有动合和动断两种形式。另外，为了实现继电器动作参数的改变，继电器一般还具有改变弹簧松紧和改变衔铁打开后气隙大小的装置，即反作用调节螺钉6。

当通过电流线圈1的电流超过某一定值，电磁吸力大于反作用弹簧力，衔铁7吸合并带动绝缘支架动作，使动断触点9断开，动合触点10闭合。通过调节螺钉6来调节反作用力的大小，即调节继电器的动作参数值。

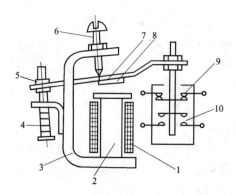

图 2-16　电磁式继电器结构示意图
1—线圈；2—铁芯；3—磁轭；4—弹簧；5—调节螺母；
6—调节螺钉；7—衔铁；8—非磁性垫片；9—动断触点；10—动合触点

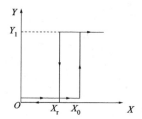

图 2-17　继电器的继电特性

（2）继电特性。

继电器的主要特性是输入-输出特性，又称继电特性，继电特性曲线如图 2-17 所示。当继电器输入量 X 由零增至 X_0 以前，继电器输出量 Y 为零；当输入量 X 增加到 X_0 时，继电器吸合，输出量为 Y_1；若 X 继续增大，Y 保持不变；当 X 减小到 X_r 时，继电器释放，输出量由 Y_1 变为零；若 X 继续减小，Y 值均为零。

2. 电流继电器

电流继电器主要用于过载及短路保护。

电流继电器的线圈串联接入主电路，其线圈匝数少、导线粗、阻抗小，用来感测主电路的电流；触点接于控制电路，为执行元件。

电流继电器反映的是电流信号，常用的电流继电器有过电流继电器和欠电流继电器两种，如图 2-18、图 2-19 所示。

图 2-18　过电流继电器外图　　图 2-19　欠电流继电器外形图

过电流继电器在电路正常工作时不动作，整定范围通常为额定电流的1.1~3.5倍。当被保护线路的电流高于额定值，并达到过电流继电器的整定值时，衔铁吸合，触点机构动作，控制电路失电，从而控制接触器及时分断电路，对电路起过流保护作用。

欠电流继电器用于欠电流保护，在电路正常工作时，欠电流继电器的衔铁是吸合的，其动合触点闭合，动断触点断开。只有当电流降低到某一整定值时，衔铁释放，控制电路失电，从而控制接触器及时分断电路。

3. 电压继电器

电压继电器反映的是电压信号。它的线圈并联在被测电路的两端，所以匝数多、导线细、阻抗大。电压继电器用于电力拖动系统的电压保护和控制。其线圈并联接入主电路，感测主电路的电压；触点接于控制电路，为执行元件。

按吸合电压的大小，电压继电器可分为过电压继电器和欠电压继电器。

过电压继电器用于线路的过电压保护，当被保护电路的电压正常时衔铁不动作，当被保护电路的电压高于额定值，达到过电压继电器的整定值时，衔铁吸合，触点机构动作，控制电路失电，控制接触器及时分断被保护电路。

欠电压继电器用于电路的欠电压保护，其释放整定值为电路额定电压的0.1~0.6倍。当被保护电路电压正常时衔铁可靠吸合，当被保护电路电压降至欠电压继电器的释放整定值时衔铁释放，触点机构复位，控制接触器及时分断被保护电路。

中间继电器实质上是一种电压继电器，如图2-20所示。它的特点是触点数目较多，电流容量可增大，起到中间放大（触点数目和电流容量）的作用。

图2-20 中间继电器外形图

继电器的型号含义如图2-21所示。

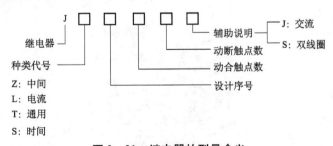

图2-21 继电器的型号含义

继电器的电气符号如图2-22所示。

图2-22 继电器的电气符号

4. 时间继电器

在自动控制系统中,有时需要继电器得到信号后不立即动作,而是要顺延一段时间后再动作并输出控制信号,以达到按时间顺序进行控制的目的。时间继电器就能实现这种功能。

时间继电器按工作原理可分为:电磁式、空气阻尼式(气囊式)、晶体管式、单片机控制式等。其外形如图2-23所示。

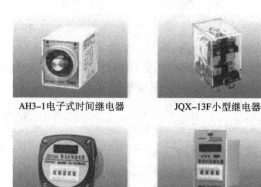

图2-23 时间继电器外形图

空气阻尼式时间继电器是利用空气阻尼原理获得延时的。其外形如图2-24所示。

图2-24 空气阻尼时间继电器

时间继电器的图形符号及文字符号如图 2 – 25 所示。

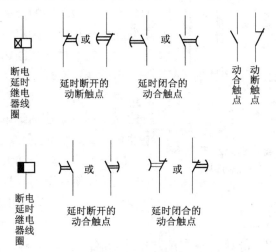

图 2 – 25 时间继电器的图形符号及文字符号

按延时方式可分为通电延时型时间继电器和断电延时型时间继电器。

对于通电延时型时间继电器，当线圈得电时，其延时动合触点要延时一段时间才闭合，延时动断触点要延时一段时间才断开。当线圈失电时，其延时动合触点迅速断开，延时动断触点迅速闭合。

对于断电延时型时间继电器，当线圈得电时，其延时动合触点迅速闭合，延时动断触点迅速断开。当线圈失电时，其延时动合触点要延时一段时间再断开，延时动断触点要延时一段时间再闭合。

5. 热继电器

热继电器主要用于过载、缺相及三相电流不平衡时的保护。热继电器的外形及结构如图 2 – 26 所示。

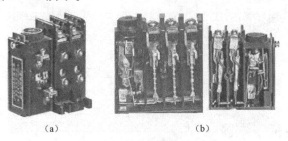

图 2 – 26 热继电器的外形及结构
（a）外形；（b）结构

热继电器的形式有多种，其中以双金属片式应用最多。双金属片式热继电器主要由发热元件 1、主双金属片 2 和触点 4 等三部分组成，如图 2 – 27 所示。

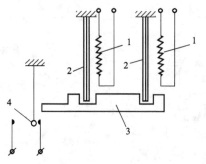

图 2-27　热继电器外形结构
1—发热元件；2—双金属片；
3—推动导板；4—触点

主双金属片 2 是热继电器的感测元件，由两种膨胀系数不同的金属片辗压而成。当串联在电动机定子绕组中的热元件有电流流过时，热元件产生的热量使双金属片伸长，由于膨胀系数不同，致使双金属片发生弯曲。电动机正常运行时，双金属片的弯曲程度不足以使热继电器动作。但是当电动机过载时，流过热元件的电流增大，加上时间效应，就会加大双金属片的弯曲程度，最终使双金属片推动导板 3 使热继电器的触点 4 动作，切断电动机的控制电路。

JR0、JR1、JR2 和 JR15 系列的热继电器均为两相结构，是双热元件的热继电器，可以用作三相异步电动机的均衡过载保护和定子绕组为 Y 联结的三相异步电动机的断相保护，但不能用作定子绕组为 △ 联结的三相异步电动机的断相保护。

JR20 系列热继电器均为带断相保护的热继电器，具有差动式断相保护机构。选择时主要根据电动机定子绕组的联结方式来确定热继电器的型号。在三相异步电动机电路中，对 Y 联结的电动机可选用两相或三相结构的热继电器，一般采用两相结构，即在两相主电路中串接热元件。但对于定子绕组为 △ 联结的电动机必须采用带断相保护的热继电器。

热继电器的型号含义及图形符号如图 2-28 所示。

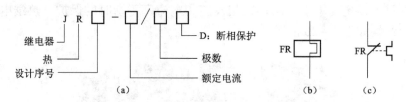

图 2-28　热继电器的型号含义及图形符号
(a) 型号含义；(b) 热元件；(c) 动断触点

五、其他常用低压电器

1. 刀开关

刀开关是一种手动电器，在低压电路中用于不频繁地接通和分断电路，或用于隔离电源，故又称"隔离开关"。

（1）刀开关的结构和安装。

刀开关是一种结构较为简单的手动电器，主要由手柄、触刀、静插座和绝缘底板等组成。刀开关在切断电源时会产生电弧，因此在安装刀开关时手柄必须朝上，不得倒装或平装。接线时应将电源线接在上端，负载接在下端，这样拉闸后刀片与电源隔离，可防止意外发生。

（2）常用刀开关。

常用刀开关有 HD 系列及 HS 系列板用刀开关、HK 系列开启式负荷开关和 HH 系列封闭式负荷开关。

刀开关的外形如图 2-29 所示。

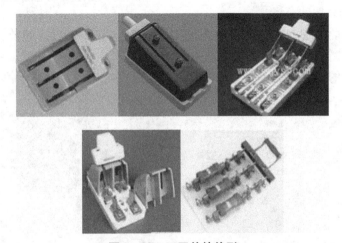

图 2-29 刀开关的外形

刀开关的型号含义和电气符号如图 2-30 所示。

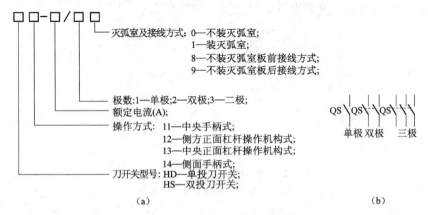

图 2-30 刀开关的型号含义和电气符号
（a）型号含义；（b）电气符号

2. 熔断器

熔断器是一种结构简单、使用方便、价格低廉、控制有效的短路保护电器。

(1) 熔断器的结构和工作原理。

熔断器主要由熔体（俗称保险丝）和安装熔体的熔管（或熔座）组成。熔断器的熔体与被保护的电路串联，当电路正常工作时，熔体允许通过一定大小的电流而不熔断。当电路发生短路或严重过载时，熔体中流过很大的故障电流，当电流产生的热量使熔体温度升高达到熔点时，熔体熔断并切断电路，从而达到保护的目的。

(2) 熔断器的分类。

熔断器的类型很多，按结构形式可分为插入式熔断器、螺旋式熔断器、封闭管式熔断器、快速熔断器和自复式熔断器等。

熔断器的外形如图2-31所示。

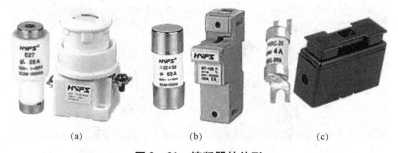

图2-31 熔断器的外形

(a) 螺旋式熔断器；(b) 圆筒形帽熔断器；(c) 螺栓连接熔断器

熔断器的型号含义和电气符号如图2-32所示。

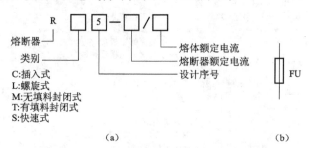

图2-32 熔断器的型号含义和电气符号

(a) 型号含义；(b) 电气符号

3. 低压断路器

低压断路器（也称自动开关）是一种既可以接通和分断正常负荷电流和

过负荷电流,又可以接通和分断短路电流的开关电器。低压断路器在电路中除起控制作用外,还具有一定的保护功能,如过负荷、短路、过载、欠压和漏电保护等。其外形如图 2-33 所示。

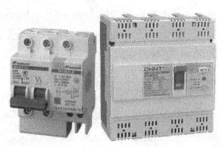

图 2-33　断路器的外形

(1) 低压断路器的结构和工作原理。

低压断路器主要由触头、灭弧装置、操动机构和保护装置等组成。断路器的保护装置由各种脱扣器来实现。断路器的脱扣器形式有：欠压脱扣器、过电流脱扣器、分励脱扣器等。其结构如图 2-34 所示。

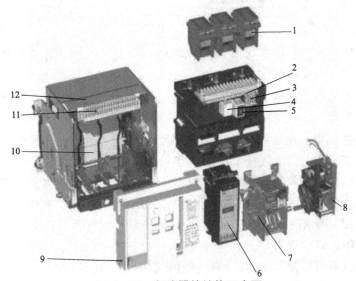

图 2-34　断路器的结构示意图

1—灭弧室；2—分励脱扣器；3—辅助触头；4—欠压脱扣器；5—合闸电磁铁；
6—智能控制器；7—操作机构；8—电动操作机构；9—面板；10—安全隔板；
11—二次回路接线端子；12—抽屉座

(2) 低压断路器的分类及电气图形符号。

低压断路器的分类方式很多,按结构形式分有 DW15、DW16、CW 系列万能式（又称框架式）和 DZ5 系列、DZ15 系列、DZ20 系列、DZ25 系列塑壳式断路器；按灭弧介质分有空气式和真空式（目前国产多为空气式）；按操作方式分有手动操作、电动操作和弹簧储能机械操作；按极数分有单极式、二极式、三极式和四极式；按安装方式分有固定式、插入式、抽屉式和嵌入式等。低压断路器容量范围很大，最小为 4 A，而最大可达 5 000 A。

断路器的型号含义和电气符号如图 2-35 所示。

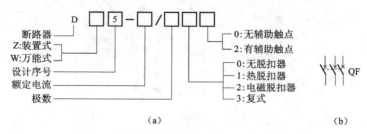

图 2-35 断路器的型号含义和电气符号
(a) 型号含义；(b) 电气符号

六、电气图与电气安装接线图

1. 电气图绘制规则和符号

电气控制线路是由许多电器元件按照一定的要求和规律连接而成的。将电气控制系统中各电器元件及它们之间的连接线路用一定的图形表达出来，这种图形就是电气控制系统图，一般包括电气原理图、电器布置图和电气安装接线图 3 种。

（1）常用电气图的图形符号与文字符号。

在国家标准中，电气技术中的文字符号分为基本文字符号（单字母或双字母）和辅助文字符号。基本文字符号中的单字母符号按英文字母将各种电气设备、装置和元器件划分为 23 个大类，每个大类用一个专用单字母符号表示。如"K"表示继电器、接触器类，"F"表示保护器件类等，单字母符号应优先采用。双字母符号是由一个表示种类的单字母符号与另一字母组成，其组合应以单字母符号在前，另一字母在后的次序列出。

（2）电气原理图。

电气原理图用图形和文字符号表示电路中各个电器元件的连接关系和电气工作原理，它并不反映电器元件的实际大小和安装位置，如图 2-36 所示。

① 电气原理图一般分为主电路、控制电路和辅助电路 3 个部分。

② 电气原理图中所有电器元件的图形和文字符号必须符合国家规定的统一标准。

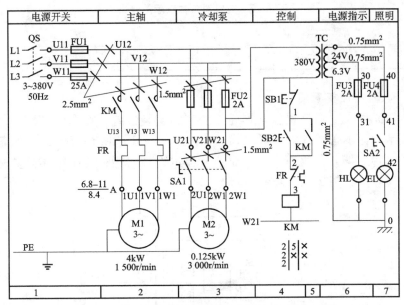

图 2-36　CW6132 型普通车床的电气原理图

③ 在电气原理图中，所有电器的可动部分均按原始状态画出。

④ 动力电路的电源线应水平画出；主电路应垂直于电源线画出；控制电路和辅助电路应垂直于两条或几条水平电源线之间；耗能元件（如线圈、电磁阀、照明灯和信号灯等）应接在下面一条电源线一侧，而各种控制触点应接在另一条电源线上。

⑤ 应尽量减少线条数量，避免线条交叉。

⑥ 在电气原理图上应标出各个电源电路的电压值、极性或频率及相数；对某些元器件还应标注其特性（如电阻、电容的数值等）；不常用的电器（如位置传感器、手动开关等）还要标注其操作方式和功能等。

⑦ 在继电器、接触器线圈下方均列有触点表，以说明线圈和触点的从属关系，即"符号位置索引"。也就是在相应线圈的下方，给出触点的图形符号（有时也可省去），对未使用的触点用"×"表明（或不作表明）。

接触器各栏表示的含义见表 2-1。

表 2-1　接触器各栏表示的含义

左栏	中栏	右栏
主触点所在图区号	辅助动合触点所在图区号	辅助动断触点所在图区号

继电器各栏表示的含义见表 2-2。

表 2-2 继电器各栏表示的含义

左栏	右栏
动合触点所在图区号	动断触点所在图区号

2. 电器元件布置图

电器元件布置图反映各电器元件的实际安装位置，在图中电器元件用实线框表示，而不必按其外形形状画出；在图中往往还留有 10% 以上的备用面积及导线管（槽）的位置，以供走线和改进设计时用；在图中还需要标注出必要的尺寸。如图 2-37 所示。

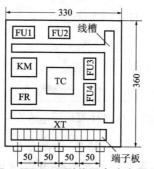

图 2-37 CW6132 型普通车床电器位置图

3. 电气安装接线图

电气安装接线图反映的是电气设备各控制单元内部元件之间的接线关系，如图 2-38 所示。

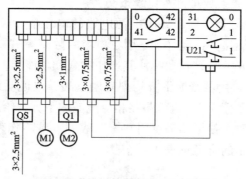

图 2-38 CW6132 车床电气互连图

七、三相异步电动机的单向运行控制

1. 三相异步电动机的点动控制电路

点动控制电路是用按钮和接触器控制电动机的最简单的控制线路，其原理图如图 2-39 所示，分为主电路和控制电路两部分。

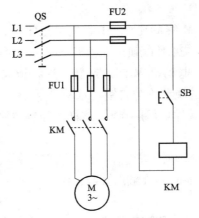

图 2-39 点动控制电路

点动控制电路工作原理如下。

首先合上电源开关 QS。

启动：按下 SB，KM 线圈得电，KM 主触点闭合，电动机 M 运转。

停止：松开 SB，KM 线圈失电，KM 主触点分断，电动机 M 停转。

这种当按钮按下时电动机就运转，按钮松开后电动机就停止的控制方式，称为点动控制。

2. 三相异步电动机的长动运行控制电路

如图 2-40 所示，在点动控制电路的基础上，在控制回路中增加了一个停止按钮 SB1，且在启动按钮 SB2 的两端并接了接触器的一对辅助动合触点 KM。

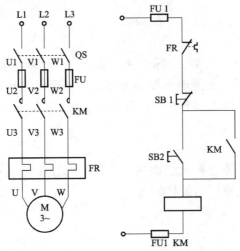

图2-40 三相笼型异步电动机长动控制线路

长动运行控制电路工作原理如下。

首先合上电源开关 QS。

启动：按下 SB2，KM 线圈得电，KM 主触点闭合，电动机 M 运转；KM 线圈辅助动合触点闭合，实现自锁；当松开 SB2 后，由于 KM 辅助动合触点闭合，KM 线圈仍得电，电动机 M 继续运转。这种依靠接触器自身辅助动合触点使其线圈保持通电的现象称为自锁（或称自保），起自锁作用的辅助动合触点，称为自锁触点（或称自保触点），这样的控制线路称为具有自锁（或自保）的长动控制线路。

停止：按下 SB1，KM 线圈失电，KM 主触点分断，电动机 M 停止转动；KM 线圈失电同时，KM 辅助动合触点分断，解锁。

任务二　电机顺序启动、停止控制线路的识绘

引言

在低压电气图中，电机的点动和长动是学习复杂电压电气控制线路的基础，所以本任务立足基础，学习多个电机的顺序启动及停止。

学习目标

（1）掌握电动机顺序启动、停止控制的工作原理。

（2）能够独立读懂主电路及辅助电路，包括用电设备、线路连接及保护环节。

过程描述

（1）图纸的准备。为学生准备所要的图纸，电机顺序控制原理图。

（2）图纸的识读。读懂电气图，读懂主电路以及主电路中使用的电气元件，读懂线路的连接情况，明白保护环节的工作原理。

过程分析

读懂电机启动、停止控制线路的工作原理很重要，理解该控制线路中关键点，为识读复杂的电气图纸打下基础。

新知识储备

在发电厂中经常遇到一些循环泵，且在工艺上要求按顺序进行启动和

停止。

(1) 两台电动机 M1、M2，要求 M1 启动后，M2 才能启动，M1 停止后，M2 立即停止，M1 运行时，M2 可以单独停止，如图 2-41 所示。

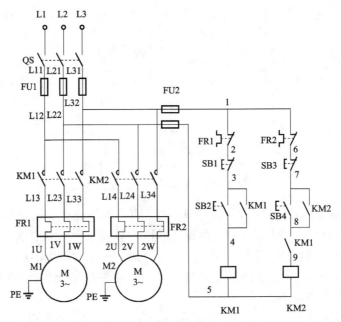

图 2-41 顺序启动控制电路 1

分析：我们先看主电路 M1、M2 并联分别由 KM1、KM2 控制，在控制电路中，KM1 辅助常开触点有两个分别位于 KM1 线圈支路，实现 KM1 线圈自锁；另一个位于 KM2 线圈干路，所以只有当 KM1 吸合 MK2 线圈才能得电，KM2 辅助常开触点只有一个，位于 KM2 线圈支路用于自锁，所以只有 M1 启动后 M2 才能启动。

SB1、SB3 分别位于 KM1、KM2 干路，所以 SB1 用来断开 KM1 线圈得电，KM1 线圈断电，KM1 复位 M1 停止。SB3 用来断开 KM2 线圈得电，KM2 线圈断电，KM2 复位 M2 停止。而当 KM1 停止时 KM1 的常开触点复位，断开 KM2 干路，所以 KM2 也就断电 M2 停止。

综上所述：只有 M1 启动后 M2 才可以启动，而停止时 M2 可单独停止，但是只要 M1 停止 M2 必停止。

(2) 两台电动机 M1、M2，要求 M1 启动后，M2 才能启动，M1 和 M2 可以单独停止，如图 2-42 所示。

分析：因为 KM2 启动支路串入了 KM1 的辅助常开触点，所以 KM1 得不到电 KM2 也就无法启动，从而实现顺序启动。因为 KM1 的辅助触点串联在

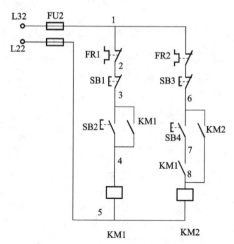

图 2-42 顺序启动控制电路 2

KM2 的启动支路上，所以 KM1、KM2 可以随意单独停止。按下 SB2→KM1 线圈得电，KM1 主触点闭合→M1 运转；KM1 自锁辅助触点闭合实现自锁；KM1 互锁辅助触点闭合为 M2 启动准备。按下 SB4→KM2 线圈得电，KM2 主触点闭合→M2 运转，KM2 自锁触点闭合自锁。关于使电机 M1 和 M2 停止，可由 SB1 和 SB3 分别控制。

（3）两台电动机 M1、M2，要求 M1 启动后，M2 才能启动，M2 停止后 M1 才能停止，过载时两台电动机同时停止，如图 2-43 所示。

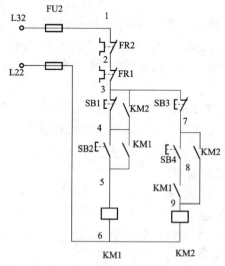

图 2-43 顺序启动控制电路 3

分析：由于 KM1 辅助常开触点串联在 KM2 的启动支路上，所以必须 KM1 闭合后 KM2 才可以启动，从而实现顺序启动。又由于 KM1 的停止按钮 SB1 并联了 KM2 的辅助常开触点，所以必须先停止 KM2 才可以停下 KM1，从而实现顺序停止。

项目三

接线图和电气位置图的识读

学习目标

1. 单元接线图和单元接线表的识读，并掌握其读图方法；
2. 互连接线图和互连接线表的识读，并掌握其读图方法；
3. 能够识读单元接线图和单元接线表；
4. 能够识读互连接线图和互连接线表。

任务一　电气接线图的识读

引言

在电气图中，电气接线图主要反映线路的连接情况，在绘制电气接线图的时候，也是采用位置布局法，所以它最直接、明了地反映线路的电气连接情况。

学习目标

（1）单元接线图和单元接线表的识读，并掌握其读图方法。
（2）互连接线图和互连接线表的识读，并掌握其读图方法。

过程描述

（1）图纸的准备。为学生准备两幅图纸，一份单元接线图，一份互连接线图。
（2）图纸的识读。读两幅接线图，读懂接线图中的连接情况以及线缆参数。

过程分析

读懂接线图，为现场安装、布线和维修提供参考。

新知识储备

一、接线图和接线表的概念及分类

接线图是表示成套设备或装置的连接关系的一种简图,接线表是以表格的形式表示这种连接关系。接线图和接线表可以单独使用,也可以组合使用,一般以接线图为主,接线表给予补充。

按照功能的不同,接线图和接线表分为以下 4 种:单元接线图和单元接线表,互连接线图和互连接线表,端子接线图和端子接线表,电缆配置图和电缆配置表。

接线图和接线表的用途:接线图和接线表是一种最基本的电气图,它是进行安装接线、线路检查、维修和故障分析处理的主要依据。

接线图和接线表与其他电气图纸的关系:接线图和接线表是在电路图、位置图等其他图的基础上绘制和编制出来的,因此,绘制和阅读接线图和接线表时,不但要熟悉其表示方法和特点,还要与其他相关图相互对照。

二、接线图和接线表的一般表示方法

接线图和接线表通常应表示出项目的相对位置、项目代号、端子代号、导线号、导线类型、导线截面积、屏蔽和导线绞合等内容。

1. 项目的表示方法

(1) 接线图中的项目(如元器件、部件、组件、成套装置等)一般采用简化外形符号(正方形、长方形、圆形等)表示,某些引线比较简单的元件,如电阻、电容、信号灯、熔断器等,也可以采用一般图形符号表示。

(2) 简化外形符号通常用细实线绘制,在某些情况下,也可以用点画线围框表示,但引线的围框边应用细实线绘制。

(3) 接线图项目符号旁一般标注项目代号,只标注种类代号和位置代号,如图 3-1 所示。

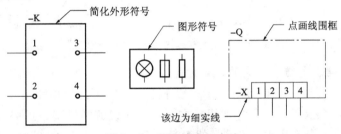

图 3-1 项目的表示方法

2. 端子的表示方法

(1) 接线图项目中的端子一般用图形符号和端子代号表示，如图3-2所示。

(2) 端子代号一般标注在端子附近，用数字或字母等表示。端子的完整表示应是 -A1:1、-A1:2 等。

(3) 端子板（排）采用简化外形表示时，可以省略端子图形符号。

(4) 新国标不再区分可拆卸和不可拆卸端子。

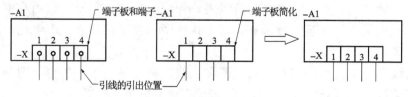

图3-2　端子的表示方法

3. 导线的表示方法

在接线图中，导线的表示方法有以下两种。

(1) 连续线表示法：端子之间的连接导线用连续的线条表示。如图3-3所示的项目Q1和Q2之间的两条连接线（57号、58号）是用连续线表示的，标注独立标记。其中57号线一端接项目Q1的5号端子，另一端接项目Q2的1号端子。

(2) 中断线表示法：端子之间的连续导线用中断的方式表示，接远端标记。图3-3所示的项目X1和X2之间的两条连接线（8号、9号）是用中断线表示的。其中8号线一端接X1的1号端子（X1:1），另一端接X2的端子A（X2:A），分别在中断处标明了导线的去向，即X2:A和X1:1。

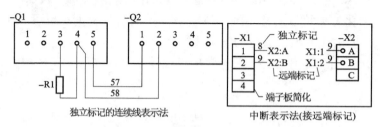

图3-3　导线的连续表示法和中断表示法

4. 导线组、电缆、线束的表示方法

导线组、电缆、线束等可以用多线条表示，也可以用单线条表示。

若用单线条表示，线条应加粗，在不致引起误解的情况下可部分加粗。当一个单元或成套装置中包括几个导线组时，它们之间应用数字或文字加以区别。

图 3-4 的两导线组部分加粗,分别用字母 A、B 和数字 101、102 区分。

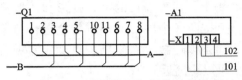

图 3-4 导线组用加粗线条表示

5. 导线的标记

(1) 导线的标记方法分 3 种:等电位编号法、顺序编号法和相对编号法(呼应法)。

等电位编号法:用两个号码组成,第一个号码为电位的顺序号,第二个号码为同一电位内的导线的顺序号,两者之间用"—"隔开。

顺序编号法:将所有的导线按顺序编号。

相对编号法:通常按导线另一端的去向作标记。

(2) 导线的标记内容有:导线的特征和功能、导线的色标标记。

导线的特征和功能:主标记 + 补充标记。

色标标记:用导线颜色的英文名称的缩写字母代码作为导线的标记,标准字母见表 3-1。

表 3-1 导线标记常用颜色及英文名称

颜色名称	字母代码	英文名称	颜色名称	字母代码	英文名称
黑色	BK	Black	灰色	GY	Grey
棕色	BN	Brown	白色	WH	White
红色	RD	Red	粉红色	PK	Pink
橙色	OG	Orange	金黄色	GD	Golden
黄色	YE	Yellow	青绿色	TQ	Turquoise
绿色	GN	Green	银白色	SR	Silver
蓝色、浅蓝色	BU	Blue	黄-绿	GNYE	Green-Yellow
紫色	VT	Violet			

三、单元接线图和单元接线表

单元接线图和单元接线表是表示单元内部各个项目连接情况的图和表,通常不包括外部连接线。

1. 单元接线图的绘制方法

（1）在单元接线图上，代表项目的简化外形和图形符号是按照一定的规律布置的。规则大体上按照各个项目的相对位置进行布置，项目之间的距离不以实际距离为准，而是以连接关系复杂程度而定。项目的连接较多，距离可以拉大，连接较少可以距离近一些。

（2）单元接线图的视图选择，应最能清楚地表示出各个项目的端子和布线的情况。当一个视图不能够清楚表示多面布线时，可以使用多个视图。控制柜和控制箱安装的项目较多，安装面较多可以进行展开，如图 3-5 所示。

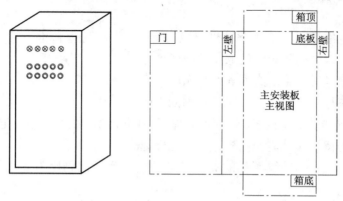

图 3-5　控制柜及其展开图

（3）项目间彼此叠成几层放置时，可以把这些项目翻转或移动画出视图，加以说明。

（4）对于转换开关、组合开关等具有多层接线端子的项目，上层遮盖了下层端子，可以延长被遮盖的端子表示各层的连接关系，如图 3-6 所示。

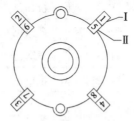

图 3-6　万能转换开关端子分层画法

2. 单元接线表的绘制

单元接线表一般包括线缆号、线号、导线的型号、规格、长度、连接点号、所属项目的代号和其他说明等内容。

单元接线表可以代替接线图，但一般只作为接线图的补充和表格化归纳。

3. 单元接线图和单元接线表示例
(1) 单元接线图多线表示法如图 3-7 所示。

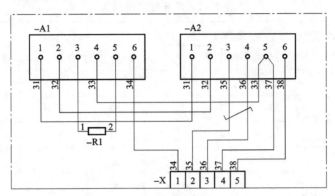

图 3-7 单元接线图多线表示法

(2) 单元接线图单线表示法如图 3-8 所示。

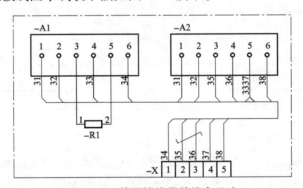

图 3-8 单元接线图单线表示法

(3) 单元接线图中断表示法如图 3-9 所示。

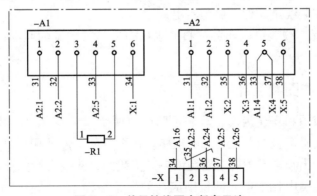

图 3-9 单元接线图中断表示法

(4) 表 3-2 为单元接线表示例。

表 3-2 单元接线表示例

线号	线缆型号及规格	连接点 I			连接点 II			附注
		项目代号	端子号	参考	项目代号	端子号	参考	
31		A1	1		A2	1		
32		A1	2		A2	2		
33		A1	4		A2	5		
34		A1	6		X	1		
35		A2	3		X	2		T1
36		A2	4		X	3		T2
37		A2	5	33	X	4		
38		A2	6		X	5		
—		A1	3		R1	1		
—		A1	5		R1	2		

说明：参考点 33 和 37 号等电位，T1 和 T2 表示两根线绞合，为双绞线。

4. 单元接线图和接线表比较

(1) 连续线表示的单元接线图直观，但线条较多，图面复杂，适宜于元件较少和连接线较少的单元接线，如一些家用电器说明书的一些插图。

(2) 中断表示法单元接线图，图面简单清晰，使用较为普遍。

(3) 单线表示法单元接线图，图面简单，便于阅读和使用，单线如同线束，与实际安装线束相似，更为实用。

(4) 单元接线表可以作为材料的规格、型号、数量的明细，只作为接线图的补充。

四、互连接线图和互连接线表

互连接线图和互连接线表是表示两个或两个以上单元之间线缆连接情况的图和表。通常不包括单元内部的连接。各个单元一般使用点画线围框表示，必要时可以给出与之有关的电路图或单元接线图、接线表的代号。

互连接线图中各个单元的视图应在同一个平面上，以便表示各个单元之间的连接关系。互连接线表的格式和内容与单元接线表类同。

(1) 连续线表示法互连接线图如图 3-10 所示。

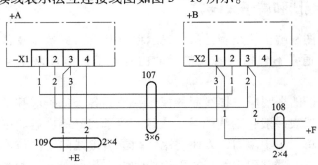

图 3-10　连续线表示法互连接线图

(2) 中断表示法互连接线图如图 3-11 所示。

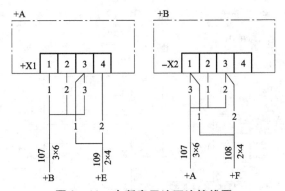

图 3-11　中断表示法互连接线图

(3) 以图 3-11 中 107 号导线为例，建立的互连接线表见表 3-3。

表 3-3　互连接线表示例

线缆号	线缆型号规格	线号	连接点 I			连接点 II			附注
			项目代号	端子号	参考	项目代号	端子号	参考	
107	XQ-3×6	1	+A-X1	1		+B-X2	2		
		2	+A-X1	2		+B-X2	3	108.2	
		3	+A-X1	3	109.1	+B-X2	1	108.1	

注：109.1 代表 109 电缆的 1 芯，108.1 和 108.2 代表 108 电缆的 1 和 2 芯，控制电缆内部导线的塑料外皮上印有线芯号。

五、端子接线图和端子接线表

端子接线图和端子接线表是指，表示单元和设备的端子及其与外部导线的连接关系，通常不包括设备或单元的内部连接，但可以提供与之有关的图号。

端子接线图的视图应与接线面的视图一致，各个端子应基本按相对位置绘制。端子接线表一般包括线缆号、线号、端子代号等内容。在端子接线表内线缆应按照单元集中填写，方便使用。端子引出线的绘制与控制线的引出方向有关，可以是下部引出线、左引出线和右引出线等。端子接线标记按导线的识别标记处理，可以有主标记（从属标记、独立标记、组合标记）＋补充标记＋色标等。

（1）端子引出线方向的示例，如图3－12所示。

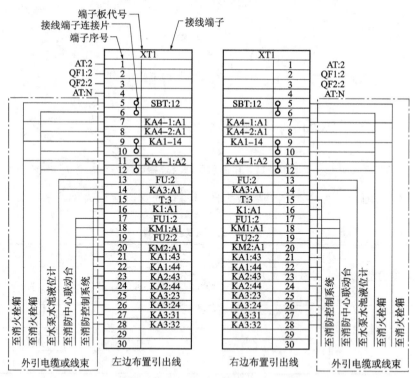

图3－12 端子引出线方向示例图

（2）带有本端标记的端子接线图，如图3－13所示。

项目三 接线图和电气位置图的识读

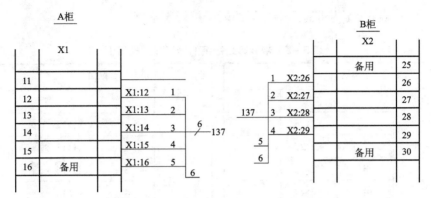

图 3-13 带有本端标记的端子接线图

(3) 表 3-4 为带有本端标记的端子接线表示例。

表 3-4 带有本端标记的端子接线表示例

A 柜			B 柜		
137		A	137		B
	1	X1:12		1	X2:26
	2	X1:13		2	X2:27
	3	X1:14		3	X2:28
	4	X1:15		4	X2:29
	5	X1:16		5	—
备用	6	—	备用	6	—

注：X1 端子板在 A 柜，X2 端子板在 B 柜。

(4) 带有远端标记的端子接线图，如图 3-14 所示。

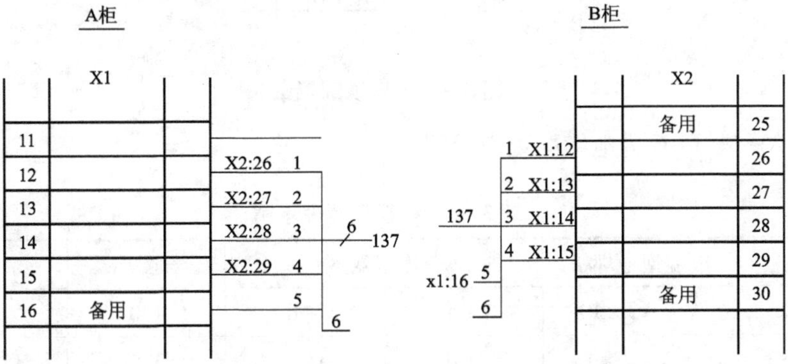

图 3-14 带有远端标记的端子接线图

(5) 表3-5为带有远端标记的端子接线表示例。

表3-5 带有远端标记的端子接线表示例

A柜				B柜			
137		A		137		B	
	1	X2:26			1	X1:12	
	2	X2:27			2	X1:13	
	3	X2:28			3	X1:14	
	4	X2:29			4	X1:15	
备用	5	-		备用	5	X1:16	
备用	6	-		备用	6	-	

六、电缆配置图和电缆配置表

电缆配置图和电缆配置表表示单元之间外部电缆配置、电缆的型号规格、起止单元及电缆敷设方式、路径等信息。

电缆配置图应清晰地表示各个单元之间的电缆,例如机柜和控制台之间电缆的信息。在配置图上各单元的图形符号用细实线围框表示,各个单元的项目代号一般用位置代号表示。电缆配置图和配置表可用于电气平面布置图,统计工程项目电缆材料使用量等信息。

(1) 图3-15为电缆配置图示例。

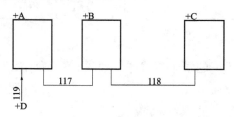

图3-15 电缆配置图

(2) 表3-6为电缆配置表示例。

表3-6 电缆配置表示例

线缆号	电缆型号规格	连接点		长度/m	附注
117	VV-3×10	+A	+B	170	
118	VV-2×4	+B	+C	320	

续表

线缆号	电缆型号规格	连接点		长度/m	附注
119	ZLQ-3×50	+A	+D	200	参见图06

任务二　电气位置图的识读

引言

设备或元件的布置使其在图上的位置反映其实际相对位置的布局方法，称为位置布局法。按照位置布局法绘制的图就是位置图。位置图的基本功能是说明物件的相对位置或绝对位置及其尺寸，主要为设备安装提供依据。

学习目标

(1) 能识读电气位置图。
(2) 掌握电气位置图的种类。

过程描述

(1) 图纸的准备。为学生准备一幅变电站电气平面布置图。
(2) 图纸的识读。识读变电站的平面布置图，掌握图中各种电气设备的相互位置关系，掌握电气位置图的种类。

过程分析

读懂电气位置图，为现场安装、布线和维修提供参考。

新知识储备

一、电气位置图的种类和一般表示方法

设备或元件的布置是使其在图上的位置反映其实际相对位置的布局方法，称为位置布局法。按照位置布局法绘制的图就是位置图。位置图的基本功能是说明物件的相对位置或绝对位置及其尺寸，主要为设备安装提供依据。

按照表示对象和范围的不同，电气位置图通常包括3个层次：一是建筑物外场地设备位置图；二是建筑物内设备位置图；三是某一具体设备内部元器件位置图。

位置图的层次划分及分类，如图 3-16 所示。

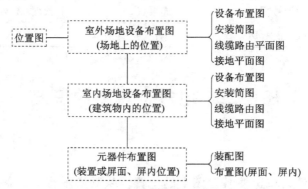

图 3-16　位置图的层次划分及分类

大多数电气位置图是在建筑平面图基础上绘制的，这种建筑平面图成为基本图。位置图是在一定范围内表示电气设备位置的图，因此，电气位置图的绘制必须是在有关部门提供的地形地貌图、总平面图、建筑平面图、设备外形尺寸图等原始基础资料图上设计和绘制的。这些表达原始基础资料信息的图，通常称为基本图。

（1）基本图的特点。

① 基本图一般由非电气技术人员，如建筑师、土木工程师提供，虽然比专业建筑图简单，但必须符合技术制图和建筑制图的一般规则。

② 基本图是为电气位置图服务的，它必须根据电气专业的要求，提供尽可能多的与电气安装专业相关的信息，如非电设施（通风、给排水设备等）、建筑结构件（梁、柱、墙、门、窗等）、用具、装饰件等项目信息。

③ 为了突出电气布置，基本图尽可能应用一些改善对比度的方法，如对于基本细节常采用浅墨色或其他不同的颜色。

（2）位置图的布局。

位置图的布局应清晰，以便于理解图中所包含的信息。

对于非电物件的信息，只有当其对理解电气图和电气设施安装十分重要时，才将它们表示出来。但为了使图面清晰，非电物件和电气物件应有明显区别。应选择适当的比例尺和表示法，以避免图面过于拥挤。书写的文字信息应置于与其他信息不相冲突的地方，例如在主标题栏的上方。

（3）电气元件的表示方法。

电气元件通常用表示其主要轮廓的简化形状或图形符号来表示。安装方法、方向和位置等应在位置图中表明。如果元件中有的项目要求不同的安装方法或方向、位置，则可以在邻近图形符号处用字母特别标明，如有必要可以定义其他字母。

可以组合使用,并且应在图的适当位置或相关文件中加以说明。

在较复杂的情况下,需要绘制单独的概念图解(小图)。

对于大多数电气位置图,如果没有标准化的图形符号,或者符号不适用,则可用其简化外形表示。

(4) 连接线、路由的表示方法。

连接线一般采用单线表示法绘制。只有当需要表明复杂连接的细节时,才采用多线表示法。

连接线应明显区别于用来表示地貌或结构或建筑内容的用线。例如,可采用不同的线宽、不同墨色,以区别基本图上的图线,也可以采用画剖面线或阴影线的方法。

当平行线太多可能使图过于拥挤时,应采用简化方法,例如画成线束,或采用中断连接线。

(5) 检索代号的应用。

如果需要应用项目代号系统(复杂设施),应在图中或简图中的每个图形符号旁标注检索代号。

(6) 技术数据的表示方法。

各个元件的技术数据(额定值)通常应在元件明细表中列出,但有的时候为了清晰或者为了与其他多数项目相区别,也可把特征值标注在图形符号或项目代号旁。

二、室外场地电气设备配置位置图

1. 室外设备布置图

室外场地电气设备配置位置图是在建筑总平面图的基础上绘制出来的,它概要地表示建筑物外部的电气装置(户外照明、街道照明、交通管制项目、TV 监控设备等)的布置,对各类建筑物只用外轮廓线绘制的图形表示。

2. 室外场地安装简图

室外场地安装简图是补充了电气部件之间连接信息的安装图。

3. 室外电缆路由图

电缆路由图是一般以总平面图为基础的一种位置图。该类图中示出了电缆沟、槽、导管线槽、固定件等和(或)实际电缆或电缆束的位置。

4. 室外接地平面图(又称接地图、接地简图)

接地平面图可在总平面图的基础上绘制。接地平面图应示出接地电极和接地网的位置，同时要示出重要接地元件（如变压器、电动机、断路器等）和接地点。

在接地平面图中还可示出照明保护系统，或者在单独的照明保护图或照明保护简图中示出该系统。如有必要，应示出导体和电极的尺寸和（或）代号、连接方法、埋入或掘进深度。

三、室内电气设备配置位置图

（1）室内设备布置图。

设备布置图的基础是建筑物图。电气设备的元件应采用图形符号或采用简化外形来表示。图形符号应示于元件的大概位置。布置图不必给出元件间连接关系的信息，但表示出设备之间的实际距离和尺寸等详细信息可能是必要的。如果没有室外场地布置图，建筑物外面的设施一般也尽可能示于此布置图中。

（2）室内设备安装简图。

安装简图是同时示出元件位置及其连接关系的布置图。在安装简图中，必须示出连接线的实际位置、路径、敷设线管等。有时还应示出设备和元件以何种顺序连接的具体情况。

（3）室内电缆路由图。

电缆路由图是以建筑物图为基础示出电缆沟、导管、固定件、实际电缆、电缆束等的位置的图。对复杂的电缆设施，为了有助于电缆设工作，必要时应补充上面提到的项目的代号。如果尺寸未标注，则应把尺寸连同元件表中的代号一起补充。

（4）室内接地图。

接地图（接地简图）是在建筑物图或其他建筑图的基础上绘制出来的，它应只包括一个接地系统。在接地图上，应示出接地电极和接地排以及主要接地设备和元件（如变压器、电动机、断路器、开关柜等）的位置。接地图还应示出接地导体及其连接关系。

四、装置和设备内电气元器件配置位置图

（1）电气装配图。

装配图是表示电气装置、设备连接和装配关系的位置图。装配图一般总是按比例绘制。装配图应示出所装零件的形状、零件与其被设定位置之间的关系和零件的识别标记。若装配工作需要专用工具或材料，则也应在图上示出。

(2) 电气布置图。

常见的电气布置图是各种配电屏、控制屏、继电器屏的布置图。在布置图上，通常以简化外形或其他补充图形符号的形式，示出设备上或某项目上一个装置中的项目和元件的位置。另外，还应包括设备的识别信息。

项目四

系统框图及一次主接线图的识绘

学习目标

1. 掌握一次设备的图形符号以及文字符号;
2. 能读懂一次电气主接线图;
3. 具有一次电路图典型图例分析能力;
4. 掌握一次电路图的读图方法。

任务一　单母线主接线图的识绘

引言

电路中的高压电气设备包括发电机、变压器、母线、断路器、隔离刀闸、线路等。它们的连接方式对供电可靠性、运行灵活性及经济合理性等起着决定性作用。一般在研究主接线方案和运行方式时,为了清晰和方便,通常将三相电路图描绘成单线图。在绘制主接线全图时,将互感器、避雷器、电容器、中性点设备以及载波通信用的通道加工元件(也称高频阻波器)等也表示出来。

对一个电厂而言,电气主接线在设计时就根据机组容量、电厂规模及电厂在电力系统中的地位等,从供电的可靠性、运行的灵活性和方便性、经济性、发展和扩建的可能性等方面,经综合比较后确定。它的接线方式能反映正常和事故情况下的供送电情况。电气主接线又称电气一次接线图。

学习目标

(1) 掌握单母线的接线形式。
(2) 掌握单母线接线形式的使用场合和优缺点。

过程描述

(1) 图纸的准备。为学生准备一幅变电站的一次系统图，主接线形式为单母线形式。

(2) 图纸的识读。学习单母线主接线图的使用场合以及优缺点。

过程分析

单母线接线的每一回路都通过一台断路器和一组母线隔离开关接到这组母线上。这种接线方式的优点是简单清晰，设备较少，操作方便和占地少。但因为所有线路和变压器回路都接在一组母线上，所以当母线或母线隔离开关进行检修或发生故障，又或线路、变压器继电保护装置动作而断路器拒绝动作时，都会使整个配电装置停止运行，所以运行可靠性和灵活性不高，仅适用于线路数量较少、母线短的牵引变电所和铁路变、配电所。

新知识储备

一、电力系统主要电气设备

变电站中凡直接用来接受与分配电能以及与改变电能电压相关的所有设备，均称为一次设备或主设备。由于大都承受高电压，故也多属高压电器或设备。它们包括主变压器、断路器、隔离刀闸、母线、互感器、电抗器、补偿电容器、避雷器以及进出变电所的输配电线路等。由一次设备连接成的系统称电气一次系统或电气主接线系统。

(一) 电力变压器

1. 电力变压器简介

变压器是一种静止的电气设备，电力变压器在系统中工作时，可将电能由它的一次侧经电磁能量的转换传输到二次侧，同时根据输配电的需要将电压升高或降低。故它在电能的生产输送和分配使用的全过程中，作用十分重要。整个电力系统中，变压器的容量通常约为发电机容量的 3 倍以上。

变压器在变换电压时，是在同一频率下使其二次侧与一次侧具有不同的电压和电流。由于能量守恒，其二次侧与一次侧的电流与电压的变化是相反的，即要使某一侧电路的电压升高时，则该侧的电流就必然减小。变压器并不是也决不能将电能的"量"变大或变小。在电力的转换过程中，因变压器本身要消耗一定能量，所以输入变压器的总能量应等于输出的能量加上变压器工作时本身消耗的能量。由于变压器无旋转部分，工作时无机械损耗，且新产品在设计、结构和工艺等方面采取了众多节能措施,故其工作效率很高。通常,大容量变压器的效率可达 80% 以上,而中小型变压器的效率则不低于 95%。

2. 电力变压器分类

根据电力变压器的用途和结构等特点可分如下几类。

(1) 按用途分有:升压变压器(使电力从低压升为高压,然后经输电线路向远方输送),降压变压器(使电力从高压降为低压,再由配电线路对近处或较近处负荷供电)。

(2) 按相数分有:单相变压器,三相变压器。

(3) 按绕组分有:单绕组变压器(为两级电压的自耦变压器),双绕组变压器,三绕组变压器。

(4) 按绕组材料分有:铜线变压器,铝线变压器。

(5) 按调压方式分有:无载调压变压器,有载调压变压器。

(6) 按冷却介质和冷却方式分有:油浸式变压器,干式变压器。

① 油浸式变压器。冷却方式一般为自然冷却、风冷却(在散热器上安装风扇)、强迫风冷却(在前者基础上还装有潜油泵,以促进油循环)。此外,大型变压器还有采用强迫油循环风冷却、强迫油循环水冷却等。

② 干式变压器。绕组置于气体中(空气或六氟化硫气体),或是浇注环氧树脂绝缘。它们大多在部分配电网内用作配电变压器。目前已可制造到 35 kV 级,其应用前景很广。

3. 电力变压器结构

电力变压器的基本结构是由铁芯、绕组、带电部分和不带电的绝缘部分所组成,为使变压器能安全可靠地运行,还需要油箱、冷却装置、保护装置及出线装置等。

其结构组成如图 4-1 所示。

(1) 铁芯。

按铁芯型式不同,变压器可分为内铁式(又称芯式)和外铁式(又称壳式)两种。内铁式变压器的绕组包围着铁芯,外铁式变压器则是铁芯包围着绕组。套绕组的部分称铁芯柱,连接铁芯柱的部分叫铁轭。大容量变压器为了减低高度、便于运输,常采用三相五柱铁芯结构。这时铁轭截面可以减小,因而铁芯柱高度也可降低。

① 铁芯材料。

变压器使用的铁芯材料主要有铁片、低硅片、高硅片。由于变压器铁芯内的磁通是交变的,故会产生磁滞损耗和涡流损耗。为了减少这些损耗,变

项目四　系统框图及一次主接线图的识绘

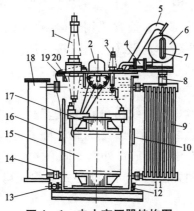

图 4-1　电力变压器结构图

1—高压套管；2—分接开关；3—低压套管；4—气体继电器；5—安全气道（防爆管）；
6—储油柜（俗称油枕）；7—油表；8—吸湿器（俗称呼吸器）；9—散热器；10—铭牌；
11—接地螺栓；12—油样活门；13—放油阀门；14—活门；15—绕组（线圈）；
16—信号温度计；17—铁芯；18—净油器；19—油箱；20—变压器油

压器铁芯一般用含硅 5% 厚度为 0.35 mm 或 0.5 mm 的硅钢片冲剪后叠成，硅钢片的两面涂有绝缘用的硅钢片漆（厚）并经过烘烤。

变压器的质量与所用的硅钢片的质量有很大的关系。硅钢片的质量通常用磁通密度 B 来表示，一般黑铁片的 B 值为 6 000 ~ 8 000，低硅片的 B 值为 9 000 ~ 11 000，高硅片为 12 000 ~ 16 000。

② 铁芯装配。

铁芯有两种装配方法即叠装和对装。对装法虽方便，但它会使变压器的激磁电流增大，机械强度也不好，一般已不采用。叠装法是把铁芯柱和铁轭的钢片分层变错叠置，每一层的接缝都被邻层的钢片盖上，这种方法装配的铁芯其空气隙较小。这种接缝叫做直接缝，适用于热轧硅钢片。

③ 铁芯的接地。

为防止变压器在运行或试验时，由于静电感应在铁芯或其他金属构件上产生悬浮电位而发生对地放电，铁芯及其所有构件，除穿心螺杆外都必须可靠接地。由于铁芯叠片间的绝缘电阻较小，一片叠片接地即可认为所有叠片均已接地。铁芯叠片只允许有一点接地，如果有两点或两点以上接地，则接地点之间可能会形成闭合回路。当主磁通穿过此闭合回路时，就会在其中产生循环电流，造成局部过热事故。

（2）绕组。

绕制变压器通常用的材料有漆包线、沙包线、丝包线，最常用的是漆包线。对于导线的要求是导电性能好，绝缘漆层有足够耐热性能，并且要有一定的耐腐蚀能力。一般情况下最好用 Q2 型号的高强度的聚酯漆包线。

绕组是变压器的电路部分，通常采用绝缘铜线或铝线绕制而成，匝数多者称为高压绕组，匝数少者称为低压绕组。按高压绕组和低压绕组相互间排列位置的不同，可分为同心式和交叠式两种。

① 同心式绕组。

同心式绕组是把一次、二次绕组分别绕成直径不同的圆筒形线圈套装在铁芯柱上，高、低压绕组之间用绝缘纸筒相互隔开。为了便于绝缘和高压绕组抽引线头，一般是将高压绕组放在外面。同心式绕组结构简单，绕制方便，故被广泛采用。按照绕制方法的不同，同心式绕组又可分为圆筒式、螺旋式、连续式和纠结式等几种。

② 交叠式绕组。

交叠式绕组是把一次、二次绕组按一定的交替次序套装在铁芯柱上。这种绕组的高、低压绕组之间间隙较多。因此绝缘较复杂、包扎工作量较大。其优点是机械性能较高，引出线的布置和焊接比较方便，漏电抗也较小，故常用于低电压、大电流的变压器（如电炉变压器、电焊变压器等）。

(3) 绝缘。

① 绝缘等级。

绝缘材料按其耐热程度可分为 7 个等级，它们的最高允许温度也各不相同。一般情况下，所有绝缘材料应能在耐热等级规定的温度下长期（指 15~20 年）工作，保证电机或电器的绝缘性能可靠并在运行中不会出现故障。

各级绝缘材料通常有以下几种。

Y 级绝缘材料：棉纱、天然丝、再生纤维素为基础的纱织品，纤维素的纸、纸板、木质板等。

A 级绝缘材料：经耐温的液体绝缘材料浸渍过的棉纱、天然丝、再生纤维素等制成的纺织品、浸渍过的纸、纸板、木质板等。

E 级绝缘材料：聚酯薄膜及其纤维等。

B 级绝缘材料：以云母片和粉云母纸为基础的材料。

F 级绝缘材料：玻璃丝和石棉及以其为基础的层压制品。

H 级绝缘材料：玻璃丝布和玻璃漆管浸以耐热的有机硅漆。

C 级绝缘材料：玻璃、电瓷、石英等。

纯净的变压器油的抗电强度可达 200~250 kV/cm，比空气的高 4~7 倍。因此用变压器油作绝缘可以大大缩小变压器体积。此外，油具有较高的比热和较好的流动性，依靠对流作用可以散热，即具有冷却作用。

② 绝缘结构。

变压器的绝缘分为外绝缘和内绝缘两种。外绝缘指的是油箱外部的绝缘，主要是一次、二次绕组引出线的瓷套管，它构成了相与相之间和相对地的绝缘；内绝缘指的是油箱内部的绝缘，主要是绕组绝缘和内部引线的绝缘以及分接开关的绝缘等。

4. 变压器铭牌及技术参数

在变压器的铭牌中，制造厂对每台变压器的特点、额定技术参数及使用条件等都做了具体的规定。按照铭牌规定值运行，称为额定运行。铭牌是选择和使用变压器的主要依据。根据国家标准规定，电力变压器铭牌应标明以下内容。

(1) 型号。

变压器的型号分两部分：前部分由汉语拼音字母组成，代表变压器的类别、结构特征和用途；后一部分由数字组成，表示产品的容量（kVA）和高压绕组电压（kV）等级。

汉语拼音字母含义如下。

第 1 部分表示相数。D—单相（或强迫导向）；S—三相。

第 2 部分表示冷却方式。J—油浸自冷；F—油浸风冷；FP—强迫油循环风冷；SP—强迫油循环水冷。

第 3 部分表示电压级数。S—三级电压；无 S 表示两级电压。

其他：O—全绝缘；L—铝线圈或防雷；O—自耦（在首位时表示降压自耦，在末位时表示升压自耦）；Z—有载调压；TH—湿热带（防护类型代号）；TA—干热带（防护类型代号）。

(2) 相数和额定频率。

变压器分单相和三相两种。一般均制成三相变压器以直接满足输配电的要求。小型变压器有制成单相的，特大型变压器做成单相后组成三相变压器组，以满足运输的要求。

变压器的额定频率是指所设计的运行频率，我国规定为 50 Hz（常称"工频"）。

(3) 额定容量（S_N）。

额定容量是制造厂所规定的在额定工作状态（即在额定电压、额定频率、额定使用条件下的工作状态）下变压器输出的视在功率的保证值，以 S_N 表示。对于三相变压器，额定容量是指三相容量之和；对于双圈变压器，其额定容量用变压器每个绕组的容量表示（双绕组变压器两侧绕组容量是相等的）；对于三绕组变压器，中压或低压绕组容量可以为 50% 或 66.7% S_N（其中之一也可为100%)。因此额定容量通常是指高压绕组的容量；当变压器容量因冷却方式而变更时，则额定容量是指它的最大容量。

(4) 额定电压 (U_N)。

变压器的额定电压就是各绕组的额定电压，是指额定施加的或空载时产生的电压。一次额定电压 U_{1N} 是指接到变压器一次绕组端点的额定电压值；二次额定电压 U_{2N} 是指当一次绕组所接的电压为额定值、分接开关放在额定分触头位置上，变压器空载时二次绕组的电压（单位为 V 或 kV）。三相变压器的额定电压指的均是线电压。

一般情况下在高压绕组上抽出适当的分接头。首先是因为高压绕组或其单独调压绕组常常套在最外面，方便引出分接头；其次是高压侧电流小，引出分接引线和分接开关的载流部分截面小，分接开关接触部分容易解决。若是升压变压器，则在二次侧调压，此时磁通不变为恒磁通调压；降压变压器因在一次侧调压其磁通改变，故为变磁通调压。

降压变压器在电源电压不为额定值时，可通过高压侧的分接开关接入不同位置来调节低压侧电压。用分接电压与额定电压偏差的百分数表示则为：若 35 kV 高压绕组为 $U = 35\,000 \pm 5\%$ V，则有 3 档调节位置，即 -5%、$\pm 0\%$、$+5\%$；若 $U = 35\,000 \pm 2 \times 2.5\%$ V，则有 5 档调节位置，即 -5%、-2.5%、$\pm 0\%$、$+2.5\%$、$+5\%$。

(5) 额定电流 (I_1、I_2)。

变压器一、二次额定电流是指在额定电压和额定环境温度下使变压器各部分不超温的一、二次绕组长期允许通过的线电流，单位以 A 表示。或者说它是由绕组的额定容量除以该绕组的额定电压及相应的相系数（单相为 1，三相为 $\sqrt{3}$），而算得的流经绕组线端的电流。因此，变压器的额定电流就是各绕组的额定电流，且显然是指线电流并以有效值表示。若是组成三相组的单相变压器且绕组为三角形连接，则绕组的额定电流是线电流再除以 $\sqrt{3}$。

(6) 阻抗电压（短路阻抗）。

阻抗电压也称短路电压（$U_z\%$），它表示变压器通过额定电流时在变压器自身阻抗上所产生的电压损耗（百分值）。用试验求取的方法为：将变压器二次侧短路，在一次侧逐渐施加电压，当二次绕组通过额定电流时，一次绕组施加的电压 U_z 与额定电压 U_n 之比的百分数，即 $U_z\% = U_z/U_n \times 100\%$。变压器的短路阻抗值百分比是变压器的一个重要参数，它表明变压器内阻抗的大小，即变压器在额定负荷运行时本身的阻抗压降大小。它对于变压器在二次侧发生突然短路时，会产生多大的短路电流有决定性的意义。

两台变压器能否同时并列运行，并列条件之一就是要求阻抗电压相等；

电力系统短路电流计算时，也必须用到阻抗电压。如果阻抗电压太大，会使变压器本身的电压损失增大，且造价也增高；而如果阻抗电压太小，则变压器出口短路电流过大，要求变压器及一次回路设备承受短路电流的能力也加大。因此选用变压器时，要慎重考虑短路电压的数值，一般是随变压器容量的增大而稍提高短路电压的设计值。

（7）空载电流（I_0）。

变压器一次侧施加（额定频率的）额定电压、二次侧断开运行时称为空载运行，这时一次绕组中通过的电流称空载电流。它主要仅用于产生磁通，以形成平衡外施电压的反电动势，因此空载电流可看成励磁电流。变压器容量大小、磁路结构和硅钢片的质量好坏，是决定空载电流的主要因素。

空载合闸电流是当变压器空载合闸到线路时，由于铁芯饱和而产生的数值很大的励磁电流，故也常称励磁涌流。空载合闸电流大大地超过稳态的空载电流 I_0，甚至可达到额定电流的 5~7 倍。

（8）空载损耗（P_0）。

空载电流的有功分量 I_{0a} 为损耗电流，由电源所汲取的有功功率称空载损耗 P_0。忽略空载运行状态下一次绕组的电阻损耗时可称为铁损，因此空载损耗主要决定于铁芯材质的单位损耗。可见变压器在空载状态下的损耗主要是铁芯中的磁滞损耗和涡流损耗。因此空载损耗也叫铁损（单位为 W 或 kW），它表征了变压器（经济）性能的优劣。变压器投运后，测量空载损耗的大小与变化，可以分析变压器是否存在铁芯缺陷。

（9）短路损耗（P_f）。

短路损耗也称负载损耗，是指变压器二次侧短接、一次绕组通过额定电流时变压器由电源所汲取的（亦即消耗的）功率（单位为 W 或 kW），负载损耗 = 最大一对绕组的电阻损耗 + 附加损耗。其中，附加损耗包括绕组涡流损耗、并绕导线的环流损耗、结构损耗和引线损耗；而电阻损耗也称铜损或铜耗，因此短路损耗又叫铜损。

空载损耗与所带负载大小无关，只要一通电，就有空载损耗。负载损耗与所带负载大小有关，变压器性能参数中的负载损耗是额定值，也就是流过额定电流时所产生的损耗。

（10）连接组别。

表示变压器各相绕组的连接方式和一、二次线电压之间的相位关系。符号顺序由左至右各代表一、二次绕组的连接方式，数字表示两个绕组的连接组号。一般的高压变压器基本都是 Yn、Y、d11 接线。在变压器的连接组别中"Yn"表示一次侧为星形带中性线的接线，"Y"表示星形，"n"表示带中性线；"d"表示二次侧为三角形接线；"11"表示变压器二次侧的线电压 U_{ab} 滞后一次侧线电压 U_{AB} 330 度（或超前 30 度）。

低压侧接成三角形。低压侧通常是用电端，三角形接法可以抑制三次谐波，防止大量谐波向系统倒送，引起电压波形畸变。三次谐波的一个重要特点就是同相位，它在三角形侧可以形成环流，从而有效地削弱谐波向系统倒送。

（二）高压断路器

高压断路器是电力系统的最重要的工作和保护设备，它对维持电力系统的安全、经济和可靠运行起着非常重要的作用。在负荷投入或转移时，它应该准确地开、合。在设备（如发电机、变压器、电动机等）出现故障或母线、输配电线路出现故障时，它能自动地将故障切除，保证非故障点的安全连续运行。

断路器主要依据它使用的灭弧介质来分类，可分为以下几种。

① 油断路器（包括多油断路器和少油断路器）。它是用变压器油作灭弧介质，多油断路器中的油除灭弧外用以为对地绝缘。

② 真空断路器。它具有真空灭弧室装配，触头在真空泡中开、合。

③ 空气断路器。它使用压缩空气进行吹弧使电弧熄灭。

④ 六氟化硫断路器。它使用具有优异的绝缘性能和灭弧性能的 SF6 气体作为灭弧介质和绝缘介质。可发展成组合电器，技术性能和经济效果都非常好。

随着电力工业和科学技术的迅猛发展，电力系统的容量越来越大，电网输电电压越来越高，覆盖面越来越广，所以对断路器的要求也越来越高。目前国内外已使用 500 kV 和 765 kV 的超高压 SF6 断路器。

由于油断路器、空气断路器的使用历史较长，较普遍，技术也较普及，因此本节不再叙述，只对真空断路器和 SF6 断路器以及 SF6 全封闭组合电器加以介绍。

1. 真空断路器

（1）真空断路器的结构。

真空断路器的结构如图 4-2 所示。它由真空灭弧室（真空泡）、保护罩（屏蔽罩）、动触头、静触头、导电杆、开合操作机构、支持绝缘子、支持套管、支架等构成，其核心是真空灭弧室（真空泡）。

（2）真空灭弧室的构造。

真空灭弧室的结构、制作方法、触头形状等，在很大程度上支配着真空断路器的各种功能。所以对真空灭弧室的外壳的制造要有严格的要求，否则真空灭弧室无法正常地工作，真空外壳的制造材料一般多用玻璃，而国外也

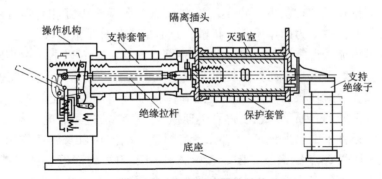

图 4-2　真空断路器的结构

有采用矾土瓷器的。真空灭弧室的构造,如图 4-3 所示。

真空灭弧室由真空容器(外壳)、动触头、静触头、波形管(不锈钢材料)、保护罩(屏蔽罩)、法兰、支持件等构成。在真空容器内保持 $1.33 \times 10^{-8} \sim 1.33 \times 10^{-11}$ Pa 的高真空,动触头焊接在波形管与真空容器之间,并与大气隔离。动触头在绝缘操作杆与开合操作机构相连接,并在操作机构控制之下完成真空断路器的分、合工作。

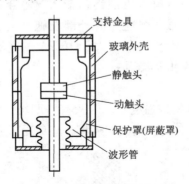

图 4-3　真空灭弧室的构造

(3) 灭弧室的灭弧原理。

真空断路器顾名思义是使电路在真空中分、合的电器,即电路在分闸时,电弧在触头间发生,此时形成所谓的真空电弧。这是由于刚分离的瞬间,触头压力逐渐减弱,接触电阻急剧增大。当触头分开时,即产生金属蒸气,温度可达 5 000 K,使阴极产生电子热发射,金属蒸气被游离后形成电弧。

在电弧电流较小时,阴极表面有很多斑点。斑点表面积估计约为 10^{-5} cm^2,斑点电流密度约为 $10^5 \sim 10^7$ A/cm^2。斑点是阴极继续产生金属蒸气和发射电子的场所。电弧由于金属蒸气的游离得以维持,并在灭弧室中扩散成并联的条状电弧,每条都有对应的阴极斑点。并由此斑点向阳极发射一个圆锥形的弧柱，圆锥顶点就在阴极斑点上。这些斑点及各条电弧互相排斥并不停地运动着，同时向磁场力的作用方向扩散，这时的电弧称扩散电弧。

当交流电流接近零值时，触头上阴极斑点只有一个。当电流过零时阴极斑点消失。此时电极不再向弧隙提供金属蒸气，使弧隙的带电质点迅速减少，并向外扩散，冷凝在极斑外的触头表面和保护罩（屏蔽罩）上。此时，真空灭弧室中弧隙间的介质绝缘强度得到迅速恢复，使电流过零后电弧不再重燃。

在某种条件下，当电流增大到某一范围值，电流在自身磁场作用下，集聚成一条，阴极斑点集聚成一团。在电弧作用下阴极表面电腐蚀显著加强，此时金属表面不仅出现金属蒸气，而且出现金属颗粒和熔液；同时阳极严重发热而出现阳极斑点，并且也蒸发和喷射金属。这时的电弧称为集聚型电弧，它不易熄灭，并将造成触头表面熔融，是断路器最恶劣的工作状态。

(4) 真空断路器触头的构造及对灭弧效果的影响。

真空断路器触头的构造对灭弧能力、导通负荷电流、触头的使用寿命、安全可靠地执行分合指令等影响很大。因此，触头必须满足如下要求：导电性能良好，能可靠地遮断大电流，耐弧性、热稳定性好。

鉴于上述要求，触头材料多用铜钨合金、铜铋合金，此外，在机械造型和附属设施等采用一些加强灭弧能力的外部设施。用于断开 10 kA 以下的电流时，可采用圆盘对接式触头，开断大于 10 kA 的电流时，多数采用磁吹触头。按吹弧方向可分横吹和纵吹两种。

① 圆盘形触头。

这种触头结构简单，机械强度好。触头有一凹坑，经触头的电流路线呈 U 形，有很轻的横吹作用，使电弧沿径向外移，避免局部过热，如图 4-4 所示。

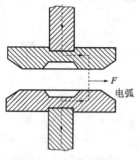

图 4-4　圆盘形触头

② 内螺旋形槽触头。

每个触头分为两部分，凸出部分作为工作触头，主要作用是导通负荷电流，是真空断路器接纳负荷电流的场所。外面凹下的部分呈环盘形，主要作灭弧用。上环盘面和下环盘面尺寸相等，形状相同，同样按一定的要求刻上螺旋槽沟，但螺旋方向相反，如图 4-5 所示。

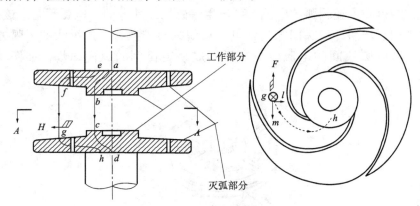

图 4-5 内螺旋形槽触头

此触头具有横吹和纵吹性能，横吹是由于触头的特殊构造和磁场与电弧的相互作用产生的。纵向吹弧也是由于触头做成正反方向的螺旋沟槽，电弧电流顺着沟槽方向流动，电流路线犹如通电的螺管线圈，因而产生纵向磁场，造成纵向吹弧。

③ 具有纵向磁吹线圈的触头。

具有纵向磁吹线圈的触头有两种形式，外加感应线圈的形式，以及在触头背面安装电流线圈的形式。

在真空泡外加一感应线圈，当真空断路器分闸时感应线圈内由于电流的突变，感应出磁场，其磁力线方向与电流平行。由于磁场力与电弧的相互作用，使弧隙中的带电质点迅速朝纵向扩散，弧隙中的介质绝缘强度迅速恢复，触头间隙击穿电压抬高，电弧在电流过零后不再重燃，如图 4-6 所示。

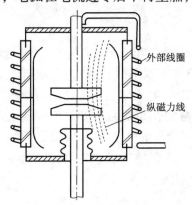

图 4-6 外加感应线圈的形式

在触头制造时即在其背面嵌装一电流线圈,使电流从真空断路器的导电杆流入线圈,再通过线圈引线流入线圈圆弧部分,然后再流回触头。依右手螺旋定律得知流经圆弧的电流,可产生一磁场,其方向与电弧平行。该磁场与电弧相互作用,触头间隙的带电质点朝纵向扩散,形成纵吹的灭弧方式。在设计时吹弧线圈的电流应与电弧形成一定比例的纵向磁场,如图4-7所示。

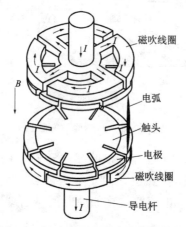

图4-7 触头背面安装电流线圈的形式

总之,横向吹弧靠磁场力与电弧的相互作用,使弧柱根部不停地在触头表面的螺旋沟槽移动,从而防止触头表面局部过热而烧损,提高真空断路器触头的使用寿命和开断能力。但是,横向吹弧在开断大电流时,在触头表面会由于烧损而出现凹凸不平的熔化斑点,甚至在触头表面上出现金属熔融的针状毛刺,造成电场的局部集中而降低触头间隙的耐压水平,使断路器的寿命缩短,甚至不能工作。纵向吹弧可避免横吹方式的缺点。

(5)真空断路器的特点。

① 绝缘性能好。

真空间隙的介质绝缘强度非常高,同空气、绝缘油、六氟化硫相比要高得多。真空间隙在2~3 mm以下时,其击穿电压超过压缩空气和六氟化硫,而在大的真空间隙下,击穿电压增加不大,所以真空灭弧室的触头开距不宜太大。10 kV真空断路器的开距通常在8~12 mm之间,35 kV的则在30~40 mm之间。开距太小,会影响分断能力和耐压水平。开距太大,虽然可以提高耐压水平,但会使真空灭弧室的波纹管寿命下降。不同介质间隙的击穿电压的状况曲线如图4-8所示。

项目四　系统框图及一次主接线图的识绘　117

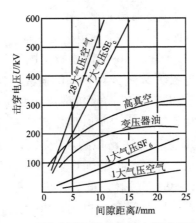

图 4-8　不同介质间隙的击穿电压的状况曲线

② 灭弧性能强。

真空灭弧室中电弧的点燃是由于真空断路器分离瞬间，触头表面蒸发金属蒸气，并被游离而形成电弧造成的。真空灭弧室中电弧弧柱压差很大，质点密度差也很大，因而弧柱的金属蒸气（带电质点）将迅速向触头外扩散，加剧了去游离作用，加上电弧弧柱被拉长、拉细，从而得到更好的冷却，电弧迅速熄灭，介质绝缘强度很快得到恢复，从而阻止电弧在交流电流过零后重燃。

③ 使用寿命长。

电寿命可大于 10 000 次开合，机械寿命可达 12 000 次动作，满容量开断不少于 30 次。

④ 结构简单，体积小，重量轻，噪音低。

⑤ 因为无油，所以火灾的可能性很小，同时对环境没有污染。

⑥ 检修间隔时间长，维护方便。

当然，真空断路器也有不足之处，反映在如下几个方面。

① 在满容量开断电流后，真空断路器的冲击电压强度普遍存在下降趋势。

② 国产真空断路器在开断电容器组（特别是串有电抗器时）过程中，由于振荡造成电弧重燃的概率较大。

③ 在运行中对真空容器的真空度尚无完善的检测手段。因此，只有在运行中通过直观目测来判断，即在真空断路器未接通时，使一侧触头带电，此时真空灭弧室的真空外壳出现红色或乳白色的辉光时，表明真空容器的真空度失常，应立即更换。

④ 相比之下，真空断路器价格较贵。

⑤ 参数较低，有一定的局限性。

2. SF6 断路器及全封闭组合电器

(1) SF6 气体特征概述

SF6 出现于 1900 年，20 世纪 40 年代才被美国用作静电起电机的绝缘气体，从而引起工业界产生极大兴趣，对 SF6 的研究、使用投入很大，并取得很多成绩。60 年代 SF6 已用于复压式的断路器和变压器、电缆的绝缘。SF6 具有特别好的绝缘性能和物理性能，所以用作高压断路器的灭弧介质，是现在使用的变压器油、压缩空气无法比拟的。现在 SF6 断路器的电压已达 750 kV，并已生产和使用了很有经济价值的 SF6 全封闭式组合电器。

我国研究和使用 SF6 的时间较晚，虽然有些厂家已生产出的 220 kV 断路器，然而目前我国仍需进口国外设备，以满足电力工业发展的需要，相信在不久的将来国产 SF6 设备将取代国外设备。

① SF6 气体的物理特性。

SF6 气体是无色、无味、无毒、不会燃烧、化学性能稳定的气体。在常温下不与其他物质产生化学反应，所以在正常条件下是一种很理想的绝缘和灭弧介质。

SF6 是一种比较重的气体，在同样条件下几乎是空气的 5 倍。

SF6 在正常压力下其临界温度为 45.6℃，因此在电气设备中使用时，温度和压力不能过低，如低于 45.6℃就不一定使 SF6 气体保持恒定气态，可能出现液化。

SF6 气体的热传导率随温度变化而变化，例如在 2 000℃时具有极强的热传导能力，而当在 5 000℃时它的导热能力就很差，正是这种特性对熄灭电弧非常有利。

② SF6 气体的化学特性。

一般情况下 SF6 气体是很稳定的气体，如果 SF6 气体脱离稳定状态而分解出氟或硫将造成严重的化学腐蚀。

SF6 气体不溶于水和变压器油中，它与氧、氢、铝及其他许多物质不发生作用。SF6 的热稳定性也很高。在 500℃时还不会分解；但当温度升到 600℃时，它很快分解成 SF2 和 SF4；当温度升到 600℃以上时，则形成的低氟化物增加。由于气体中的微量水分参与作用，这些低氟化物对金属和绝缘材料都有很大的腐蚀性，并危及人身健康和生命安全。但大部分不纯物在极短时间内（$10^{-6} \sim 10^{-7}$ s）能重新合成 SF6，残留的不纯物经过吸附剂（分子筛、活性炭、活性氧化铝等）过滤后可以除去。

以上所述说明了温度低于 600℃以下时，气体是稳定的，因此用于 A 级、B 级绝缘是绝对不会有问题的。

SF6 不会燃烧，因此无火灾之虑；在被电击穿后，SF6 能自行复合，同时不会因电弧燃烧而产生无定形炭那样的悬浮物，故介质绝缘强度不会受到影响。

③ SF6 气体的电特性。

SF6 是一种高电气强度的气体介质，在均匀电场下其介质强度约为同一压力下空气的 2.5～3 倍。在 3 个大气压下 SF6 的介电强度约同变压器油相当，压力越高绝缘性能越好。SF6 气体是目前知道的最理想的绝缘和灭弧介质。它比现在使用的变压器油、压缩空气乃至真空都具有不可比拟的优良特性。正是这些特点使它的使用越来越广，发展相当迅速，在大电网、超高压领域里更显示出其不可取代的地位。

（2）SF6 断路器分类。

SF6 断路器按其结构可分为瓷瓶支柱式和落地罐式；按压力可分为双压式（复压式）和单压式；按触头工作方式可分为定开距式和变开距式。

定开距式是将两个喷咀固定，保持最佳熄弧距离。动触头与压气罩一起动作将电弧引到两个喷咀间燃烧，被压缩的 SF6 气体的气流强烈吹熄。变开距式是随着机械的运动逐渐打开，当运动到最佳熄弧距离时电弧就熄灭，再继续拉开使间隙增大，绝缘强度增强，从而不被过电压击穿。

（3）SF6 断路器发展的 3 个阶段。

① 双压式（复式压）SF6 断路器。

早期的 SF6 断路器采用双压式的压力系统，其结构如图 4-9 所示。灭弧室内设置一活塞，动触头装在内腔的活塞上。贮存在高压罐内的 SF6 气体的气压为 14～18 MPa。当分闸电磁阀接到分闸信号时，分闸阀打开，高压气流进入灭弧室活塞底部，把固定有动触头的活塞推到分闸的限位点，高压气流同时对电弧进行吹拂，使电弧迅速冷却。在电流过零时使电弧通道去游离加强，触头断口介质绝缘强度迅速恢复，电弧不再重燃。工作后的气体通过活塞和动触头的内腔排到灭弧室的顶部进入低压罐。这将引起低压罐的压力增高而启动压力开关，接通空气压缩机的电源，使空气压缩机启动，把过多的 SF6 气体经过过滤器抽回高压罐。这样又恢复了 SF6 断路器的双压力系统状态。当接到合闸信号时，合闸电磁阀被打开。高压气流送到活塞的上部，把带动触头的活塞推向下，直至合闸位置。此时的气体进入低压罐而压力升高，同样启动压力开关使空气压缩机工作。把多的低压罐的气体抽回高压罐，从而又回到双压力系统状态。

由于结构复杂，此技术已不再使用。

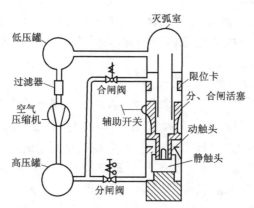

图 4-9 双压式 SF6 短路器工作原理示意图

② 单压式 SF6 断路器。

单压式 SF6 断路器具有结构简单、灭弧性能好、生产成本低的特点。动作过程如图 4-10 所示，这种 SF6 断路器只充入较低压力的 SF6 气体（一般为 0.5~0.7MPa，最低功能气压 0.4MPa，20℃），分闸时靠动触头带动压气缸，产生瞬时压缩气体吹弧。但是，依靠机械运动产生灭弧高气压，所需操动机构操动功率大，机械寿命短，开断小电感电流和小电容电流时易产生截流过电压。一般配用较大输出功率的液压操动机构或压缩空气操动机构，固分闸时间比较长。

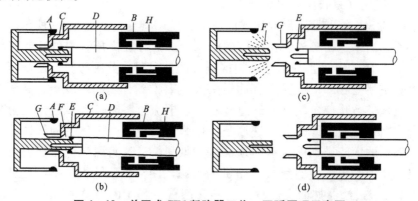

图 4-10 单压式 SF6 断路器工作、灭弧原理示意图

③ "自能"灭弧功能的 SF6 断路器。

"自能"灭弧功能的 SF6 断路器具有开断能力强、操动机构操动功率小的优点，有利于新型操动机构的小型化，应用前景广阔。这种 SF6 断路器在开断短路电流时，依靠短路电流电弧自身的能量加热 SF6 气体和产生灭弧所需要的高气压；在开断小电感电流和小电容电流时，电弧自身的能量不足于加热 SF6 气体和产生灭弧所需要的高气压，这时依靠机械辅助压气建立气压，不易产生截流过电压。所需操动机构操动功率小，可配用弹簧操动机构等，操作可靠，机械寿命长，固有分闸时间短，可以制造成断口少、单断口电压等级很高的 SF6 断路器。目前，国内外主要的电力设备生产厂商都已生产这种 SF6 断路器，并大量投入了运行。

(4) SF6 断路器结构。

一般来说，SF6 断路器主要由 3 部分组成：3 个垂直瓷瓶单元，每一单元有一个气吹式灭弧室；弹簧操作机构及其单箱控制设备；一个支架及支持结构。每个灭弧室通过与 3 个灭弧室共连的管子填充 SF6 气体。

(5) SF6 全封闭组合电器。

随着电力系统电压等级的不断提高，人们迫切需要和寻求一种体积更小、性能更好、维护更简便的高压电气设备，后来又研制和生产出了一种气体绝缘金属封闭式组合电器。气体绝缘金属封闭式组合电器的英文全称为 Gas Insulated Switchgear，其缩写为 GIS。它是由断路器、隔离开关、快速或慢速接地开关、电流互感器、电压互感器、避雷器、母线以及这些元器件的封闭外壳、伸缩节、出线套管等组成，内部充入一定压力的 SF6 气体作为 GIS 的绝缘和灭弧介质。所谓的 GIS，就是指充入 SF6 气体的气体绝缘金属封闭式组合电器。

SF6 组合电器可以是单路的，也可制造成多回路的。它一般还具有防跳跃保护装置、非同期保护装置、操动油（气）压降低及 SF6 气体压力降低的闭锁装置和防慢分慢合装置。

110～500 kV SF6 全封闭组合电器的各高压电器元件均制成独立标准结构。另外还有各种渡元件，可以适应变电站各种主接线的组合和总体布置的要求，其结构如图 4-11 所示。例如，国产 LF-110 型全封闭式组合电器，它包括母线、带接地装置的隔离开关、断路器、电压互感器、电流互感器、快速接地开关、避雷器、电缆终端盒、波纹管、断路器操作机构等。

为保证最佳运行状态，对 SF6 全封闭组合电器的最重要的技术要求有如下几点。

① SF6 气体在规定的压力下，它的绝缘水平才能保证，因此必须对气压进行持续地监视。

② 金属铠装全封闭组合电器，必须分成几个气密封间隔，以免由于漏气而造成大范围的停电，同时防止由于内部局部故障而把故障区域扩大。

③ 隔离开关被封闭在金属壳体内，因它们的绝缘间隙不易被观察到，它的耐压强度完全依赖于 SF6 气体的质量和压力。所以为了人身安全，检修时必须在隔离开关两侧用适当的接地开关接地以后方可工作。此外还应设置窥视窗，观察隔离开关触头分开的位置。

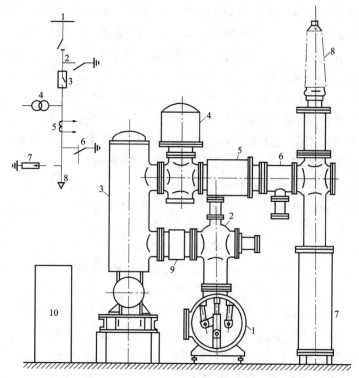

图 4-11　LF-110 型全封闭组合电器的总布置图
1—母线；2—带接地装置的隔离开关；3—断路器；4—电压互感器；5—电流互感器；
6—快速接地开关；7—避雷器；8—电缆终端盒；9—波纹管；10—断路器操作机构

④ 必须分成几个独立的单元，使每个单元发生故障时不会影响别的单元。

⑤ 因为小的间隔会导致较高的压力上升率，间隔的数目应尽可能少，在容许的条件下使它的间隔尽可能大。

⑥ 当设置压力释放装置时，应该安装在避免危及运行人员人身安全的位置，必须装设有效的通风装置，以避免工作人员吸入 SF6 气体和其他氟化物。

（三）隔离开关

1. 隔离开关简介

隔离开关虽然是高压开关的较简单的一种，但它的使用量很大，约为断路器用量的 3～4 倍。隔离开关的作用是在线路上基本没有电流时，将电气设备和高压电源隔开或接通。

在高压电网中，隔离开关的主要功能是，当断路器断开电路后，由于隔离开关的断开，使有电与无电部分造成明显的断开点，起辅助断路器的作用。由于断路器触头位置的外部指示器既缺乏直观，又不能绝对保证它的指示与触头的实际位置相一致，所以用隔离开关把有电与无电部分明显隔离是非常必要的。有的隔离开关在刀闸打开后能自动接地（一端或二端），以确保检修人员的安全。

此外，隔离开关具有一定的自然灭弧能力，常用在电压互感器与避雷器等电流很小的设备投入和断开上，以及一个断路器与几个设备的连接处，使断路器经过隔离开关的倒换更为灵活方便。

2. 隔离开关的分类

① 按绝缘支柱的数目，可分为单柱式、双柱式及三柱式隔离开关。

② 按闸刀的运动方式，可分为水平旋转式、垂直旋转式、摆动式和插入式四种。

③ 按装设地点的不同，可分为户内式和户外式两种。

④ 按操作机构的不同，可分为手动、电动和气动等类型。

3. 隔离开关的技术参数

（1）额定电压。

额定电压是指隔离开关能承受的正常工作线电压。目前，我国电力系统中隔离开关采用的额定电压等级为 10 kV、35 kV、66 kV、110 kV、220 kV、330 kV、500 kV。

（2）额定电流。

额定电流是指隔离开关可以长期通过的工作电流。隔离开关长期通过额定电流时，其各部分的发热温度不超过允许值。我国规定额定电流为 200 A、400 A、630 A、(1 000) A、1 250 A、(1 500) A、1 600 A、2 000 A、3 150 A、4 000 A、5 000 A、6 300 A、8 000 A、10 000 A、12 500 A、16 000 A、20 000 A。

（3）动稳定电流。

隔离开关在闭合位置时，所能通过的最大短路电流，称为动稳定电流，亦称额定峰值耐受电流。它表明隔离开关在冲击短路电流作用下，承受电动力的能力。这个值的大小由导电及绝缘等部分的机械强度所决定。

（4）热稳定电流。

热稳定电流是指隔离开关在规定时间内，允许通过的最大电流。它表示隔离开关承受短路电流热效应的能力，以短路电流的有效值表示。隔离开关的铭牌规定一定时间（1 s、2 s、4 s）的热稳定电流。

4. 隔离开关的结构

隔离开关主要由导电部分、绝缘部分、传动机构、底座部分组成。

（1）导电部分。

由一条弯成直角的铜板构成静触头，其有孔的一端可通过螺钉与母线相连接；另一端较短，合闸时它与动刀片（动触头）相接触。

两条铜板组成接触条，又称为动触头，可绕轴转动一定角度，合闸时它夹持住静触头。两条铜板之间有夹紧弹簧,用以调节动静触头间接触压力,同时两条铜板在流过方向相同的电流时,它们之间产生相互吸引的电动势,这就增大了接触压力,提高了运行可靠性。在接触条两端安装有镀锌钢片,称为磁锁。它保证在流过短路故障电流时,磁锁磁化后产生的相互吸引力能够加强触头的接触压力,从而提高隔离开关的动、热稳定性。

(2) 绝缘部分。

动静触头分别固定在两套支持瓷瓶上。型号中带 C 的,动触头固定在套管瓷瓶上。为了使动触头与金属的、接地的传动部分绝缘,采用了瓷质绝缘的拉杆绝缘子。

(3) 传动部分。

传动部分包括主轴、拐臂、拉杆绝缘子、操作机构等。

(4) 底座部分。

底座部分由钢架组成。支持瓷瓶或套管瓷瓶以及传动主轴都固定在底座上,底座应接地。

(四) 互感器

1. 互感器作用

运行的输变电设备往往电压很高,电流很大,且电压、电流的变化范围大,无法用电气仪表直接进行测量,这时必须采用互感器。互感器能按一定的比例将高电压和大电流降低,以便用一般电气仪表直接进行测量。这样既可以统一电气仪表的品种和规格,提高准确度,又可以使仪表和工作人员避免接触高压回路,保证安全。

互感器除了用于测量外,还可以作为各种继电保护装置的电源。互感器分为电压互感器和电流互感器两种。

电流互感器能将电力系统中的大电流变换成标准小电流(5 A 或 1 A)。电压互感器能将电力系统的高电压变换成标准的低电压(100 V 或 $100/\sqrt{3}$ V),供测量仪表和继电器使用。互感器的主要作用可概括为以下几点。

① 将测量仪表和继电器同高压线路隔离,以保证操作人员和设备的安全。

② 用来扩大仪表和继电器的使用范围。与测量仪表配合,可对电压、电流、电能进行测量;与继电保护装置配合,可对电力系统和设备进行各种继电保护。

③ 能使测量仪表和继电器的电流和电压规格统一,以利于仪表和继电器的标准化。

2. 电压互感器 (PT, Potential Transformer)

(1) 电压互感器的类型和结构。

电压互感器的作用是将电路上的高电压变换为适合于电气仪表及继电保护装

置需要的低电压。电压互感器按原理分有电磁式和电容式两种；按每相绕组数分有双绕组和三绕组两种；按绝缘方式可分为干式、浇注绝缘式、油浸式、SF6式等。

（2）电压互感器的原理。

① 电磁式电压互感器。

其基本原理和电力变压器完全一样。两个相互绝缘的绕组绕在公共的闭合铁芯上，一次绕组并接在线路上，一次电压 U_1 经过电磁感应在二次绕组上就感应出电压 U_2，电压互感器的一次绕组额定电压与电路的电压相符，二次侧额定电压为 100 V。电压互感器原理接线图如 4 – 12 所示。

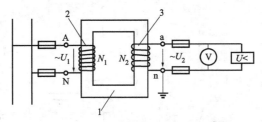

图 4 – 12　电压互感器原理接线图

在理想情况下，电压互感器的变比等于匝数比，即 $U_1/U_2 = N_1/N_2$。但由于铁芯励磁电流和绕组阻抗的影响，输出电压与输入电压之间产生了误差。这个测量误差包括两个部分，即变压比误差（比值差）和相角误差（相角差）。所谓比值差是指实际二次电压乘以额定变比后与实际的一次电压值的差值，一般以一次电压的百分数表示。相角差是指倒相 180°后的二次电压 U_2 与一次电压 U_1 之间的相角差值，用 σ 来表示。当 σ 为正时，表示二次电压 U_2 超前一次电压 U_1，反之为滞后。

电压互感器的两种误差与使用情况有密切关系。当二次负荷增大时，两种误差都增大；当一次电压显著波动时，对两种误差也有影响。0.1 ~ 1.0 级电压互感器供测量仪表用，3 级电压互感器供继电保护用。

② 电容式电压互感器。

随着电力系统输电电压的增高，电磁式电压互感器的体积就越来越大，成本也越来越高，因此，电容式电压互感器应运而生。它是利用电容分压原理实现电压变换的，原理如图 4 – 13 所示。

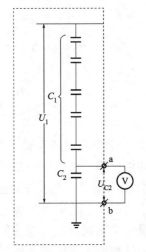

图 4 – 13　电容式电压互感器原理图

$UC_2 = C_1 / (C_1 + C_2) * U_1 = K_1 * U_1$,其中,K 为分压比,$K = C_1 / (C_1 + C_2)$。改变 C_1 和 C_2 的比值,可得到不同的分压比。此类型电压互感器被广泛应用于 110~500 kV 中心点接地系统中。

(3) 电压互感器的接线方式。

在三相电路中,电压互感器有如图 4-14 所示的 4 种常见的接线方案。

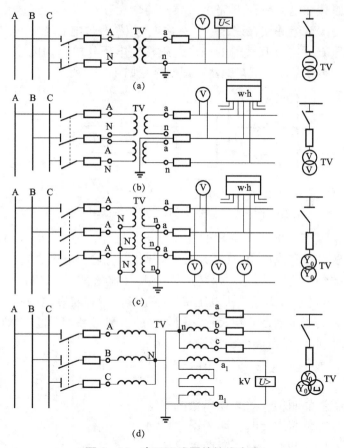

图 4-14 电压互感器的接线方案

① 一个单相电压互感器接于两相间,如图 4-14 (a) 所示。用于测量线电压和供仪表、继电保护装置用。

② 两个单相电压互感器接成 V/V 接线,如图 4-14 (b) 所示。供只需要线电压的仪表、继电保护装置用。V/V 接线多用于在发电厂中,为了同期装置而设的。同期装置(包括同期检定继电器和同期表)要接入两侧 PT 的电压进行比较相位差,这两个电压必须有一个公共点才能准确比较。

③ 三个单相电压互感器接成 Y0/Y0 接线,如图 4-15 (c) 所示。这种接

法可测量三相电网的线电压和相电压。由于小接地电流系统发生单相接地时，另外两相电压要升到线电压，所以这种接线的二次侧所接的电压表不能按相电压来选择，而应按线电压来选择，否则在发生单相接地时，仪表可能被烧坏。

④ 三个单相三绕组电压互感器或一个三相五柱式电压互感器接成 Y0/Y0/d（开口三角形），如图 4 - 16 (d) 所示。其中接成 Y 形的二次绕组，供给仪表、继电保护装置及测量计量装置使用。接成开口三角形的辅助二次绕组，构成零序电压过滤器，供给交流绝缘监察装置。三相系统正常工作时，开口三角绕组两端的电压接近于 0 V；当某一相接地时，开口三角形绕组两端出现零序电压，使电压继电器动作，发出信号。

由于两 PT 接法接线简单，而且省了一个 PT 节约了投资，它完全可以满足计量、测量的要求，具有较高的经济性，但是由于其无法测得相对地电压，所以相对于三 PT 接法无法用作绝缘监视。所以大部分变电站和要求较高的厂矿企业还是采用了三 PT 接法。

(4) 电压互感器的使用注意事项。

① 要根据用电设备的实际情况，确定电压互感器的额定电压、变比、容量、准确度等级。

② 电压互感器在接入电路前，要进行极性校核。要"正极性"接入。电压互感器接入电路后，其二次绕组应有一个可靠的接地点，以防止互感器一、二次绕组间绝缘击穿时，危及人身和设备安全。

③ 运行中的电压互感器在任何情况下都不得短路，否则会烧坏电压互感器或危及系统和设备的安全运行。所以，电压互感器的一、二次侧都要装设熔断器，同时，在其一次侧应装设隔离开关，作为检修时确保人身安全的必要措施（有明显断开点）。

④ 电压互感器在停电检修时，除应断开一次侧电源隔离开关外，还应将二次侧熔断器也拔掉，以防其他电源串入二次侧引起倒送电而威胁检修人员的安全。

3. 电流互感器（CT，Current Transformer）

(1) 电流互感器的类型。

根据绝缘结构，电流互感器可分为干式、浇注式、油浸式、套管式、SF6 式五种形式。根据用途电流互感器一般可分为保护用、测量和计量用三种，区别在于计量用互感器的精度要相对较高，另外计量用互感器也更容易饱和，以防止发生系统故障时大的短路电流造成计量表计的损坏。根据原理可分为电磁式和电子式两种。

(2) 电流互感器的结构与基本原理。

电流互感器也称为变流器，是用来将大电流变换成小电流的电气设备。

其工作原理也与变压器一样，一次绕组匝数很少，串接在线路中，一次电流 I_1 经电磁感应，使二次绕组产生较小的标准电流 I_2，我国规定标准电流为 5 A 或 1 A。由于电流互感器二次回路的负载阻抗很小，所以，正常工作时二次侧接近于短路状态。电流互感器的结构、原理如图 4-15 所示。

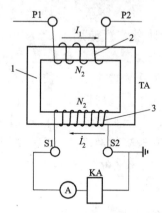

图 4-15　电流互感器
1—铁心；2——次绕组；3—二次绕组

电流互感器在理想情况下，一次电流 I_1 与二次电流 I_2 之比等于匝数比的倒数，即 $I_1/I_2 = N_2/N_1 = K$ 为 CT 的变比。但电流互感器在实际工作过程中，和电压互感器一样，由于励磁的损耗也会引起测量误差，即比值差和相角差。比值差是指实测的二次电流乘上变比后与实测一次电流的差值，通常以一次电流的百分数表示。相角差是指实测的一次电流和倒相 180°后的二次电流间的夹角。

(3) 电流互感器接线方式。

电流互感器与仪表、继电器通常有以下 4 种接线方式，如图 4-16 所示。

① 一相式接线（图 4-16（a））。电流线圈通过的电流，反应一次电路相应的电流。通常用于负荷平衡的三相电路（如低压动力线路）中，供测量电流、电能或接过负荷保护装置之用。

② 两相 V 形接线（图 4-16（b））。也称为两相不完全星形接线。在继电保护装置中称为两相两继电器接线。这种接线在中性点不接地的三相三线制电路中（如 6~10 kV 电路中），广泛用于测量三相电流、电能及作为过电流继电保护之用。由图 4-16（b）所示的相量图可知，两相 V 形接线的公共线上的电流为 $\dot{I}_a + \dot{I}_c = -\dot{I}_b$，反映的是未接电流互感器的那一相电流。

③ 两相电流差接线（图 4-16（c））。由图 4-16（c）所示相量图可知，互感器二次侧公共线上的电流为 $\dot{I}_a - \dot{I}_c$，其量值为相电流的 $\sqrt{3}$ 倍。这种接线适

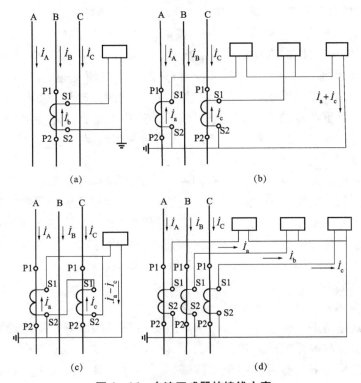

图 4-16 电流互感器的接线方案

于中性点不接地的三相三线制电路中（如 6~10 kV 电路中）供作过电流保护之用。在继电器保护装置中，此接线称为两相一继电器接线。

④ 三相星形接线（图 4-16 (d)）。这种接线中的 3 个电流线圈，正好反映各相的电流，广泛用在负荷一般不平衡的三相四线制系统（如低压 TN 系统）中，也用在负荷可能不平衡的三相三线制系统中，作三相电流、电能测量和过电流继电保护之用。

(4) 电流互感器的使用注意事项。

① 根据用电设备的实际选择电流互感器的额定变比、容量、准确度等级以及型号，应使电流互感器一次绕组中的电流在电流互感器额定电流的 1/3~2/3。电流互感器经常运行在其额定电流的 30%~120%，否则电流互感器误差会增大等。对于过负荷运行，电流互感器可以在 1.1 倍额定电流下长期工作，在运行中如发现电流互感器经常过负荷，应更换。

② 电流互感器在接入电路时，必须注意电流互感器的端子符号和其极性。通常用字母 L1 和 L2 表示一次绕组的端子，二次绕组的端子用 K1 和 K2 表示。一般一次侧电流从 L1 流入、L2 流出时，二次侧电流从 K1 流出经测量仪表流

向 K2（此时为正极性），即 L1 与 K1、L2 与 K2 同极性。

③ 电流互感器二次侧必须有一端接地，目的是为了防止其一、二次绕组绝缘击穿时，一次侧的高压电串入二次侧，危及人身和设备安全。

④ 电流互感器二次侧在工作时不得开路。当电流互感器二次侧开路时，一次电流全部被用于励磁。二次绕组感应出危险的高电压，其值可达几千伏甚至更高，严重地威胁人身和设备的安全。所以，运行中电流互感器的二次回路绝对不许开路，并注意接线牢靠，不许装接熔断器。

(5) 电磁式电流互感器的缺点。

常见的电流互感器饱和主要有两种：稳态饱和与暂态饱和。其中稳态饱和主要是因为一次电流值太大，进入电流互感器饱和区域，导致二次电流不能正确地传变一次电流。暂态饱和，则是因为大量的非周期分量的存在，进入电流互感器饱和区域。在铁芯未饱和前，一次电流和二次电流完全成正比例，当达到饱和后励磁不再增加，饱和后不产生电动势。

（五）避雷器

1. 避雷器的用途、放电特性、分类

避雷器是用来限制过电压、保护电气设备绝缘的电器。通常将它接于导线和地之间，与被保护设备并联。

在通常情况下，避雷器中无电流通过。一旦线路上传来危及被保护设备绝缘的过电压时，避雷器立即击穿动作，使过电压电荷释放泄入大地，将过电压限制在一定的水平。过电压作用消失后，避雷器又能自动切断，工频电压作用下通过避雷器泄入大地的工频流续流，使电力系统恢复正常工作。

避雷器的类型主要有保护间隙、管型避雷器、阀型避雷器、氧化锌避雷器等。这里主要介绍氧化锌避雷器。

2. 避雷器的结构、原理、特点

(1) 保护间隙。

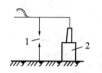

图 4-17 避雷器的结构
1—保护间隙；2—被保护设备

最简单的避雷器是保护间隙，它由主间隙和支持瓷瓶所组成。结构如图 4-17 所示。

保护间隙的工作原理：当雷电波入侵时，间隙先放电，工作母线接地，避免了被保护物上电压升高，从而保护了设备。过电压之后的工频续流靠电弧中的电动力的作用及热气流的上升，使电弧拉长而熄灭，于是系统恢复正常工作。保护间隙有一定限制过电压的效果，且结构简单、价廉，但它的气隙结构使得保护效果较差。有时不能可靠熄弧，发展成相间短路时，需由相应的断路器来切除。

(2) 金属氧化物避雷器。

① 氧化锌避雷器的工作原理。

额定电压下通过氧化锌避雷器阀片的电流很小，相当于绝缘体，氧化锌在正常工频电压下呈高电阻。当金属氧化锌避雷器上的电压超过定值时，阀片"导通"，成低阻状态，将大电流通过阀片泄入大地中，其残压不会超过被保护设备的耐压。当作用电压下降到动作电压以下时，阀片自动终止"导通"状态，恢复绝缘状态。

为了释放由于系统故障而造成的避雷器内部闪络或长时间通电升高的气体压力，防止避雷瓷套爆炸，在避雷器两端设有压力释放装置。

② 氧化锌避雷器的优点：结构简化，尺寸和重量减小；保护特性好；吸收过电压能量的能力大；特别适用于直流保护、电器保护。氧化锌避雷器适用于波阻抗低的系统（多回线、电容器组、电缆回路）中，性能优异。

二、单母线接线

1. 单母线接线

单母线接线如图 4-18 所示。

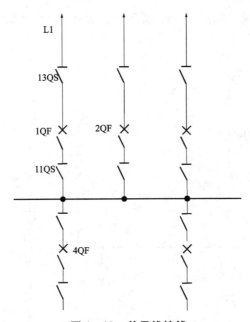

图 4-18 单母线接线

单母线接线的特点是每一回路均经过一台断路器 QF 和隔离开关 QS 接于一组母线上。断路器用于在正常或故障情况下接通与断开电路。断路器两侧装有隔离开关，用于停电检修断路器时作为明显断开点以隔离电压，靠近母线侧的隔离开关称母线侧隔离开关（如11QS），靠近引出线侧的称为线路侧隔离开关（如13QS）。在主接线设备编号中隔离开关编号前几位与该支路断路器编号相同，线路侧隔离开关编号尾数为3，母线侧隔离开关编号尾数为1（双母线时是1和2）。在电源回路中，若断路器断开之后，电源不可能向外送电能时，断路器与电源之间可以不装隔离开关，如发电机出口。若线路对侧无电源，则线路侧可不装设隔离开关。

单母线接线的典型操作有以下两种。

（1）线路停电操作。

以L1线路停电为例，操作步骤是：断开1QF断路器，检查1QF确实断开，断开13QS隔离开关，断开11QS隔离开关。

（2）线路送电操作。

以L1线路送电为例，操作步骤是：检查1QF确实断开，合上11QS隔离开关，合上13QS隔离开关，合上1QF断路器。

这样操作的原因与停电操作时相似，读者可以自行分析。

2. 单母线分段接线

单母线分段接线，如图4-19所示。正常运行时，单母线分段接线有两种运行方式。

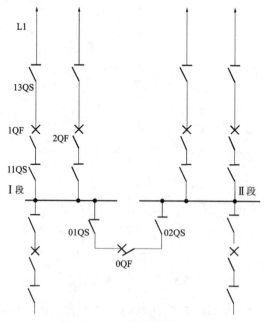

图4-19 单母线分段接线

(1) 分段断路器闭合运行。

正常运行时分段断路器 0QF 闭合，两个电源分别接在两段母线上；两段母线上的负荷应均匀分配，以使两段母线上的电压均衡。在运行中，当任一段母线发生故障时，继电保护装置动作跳开分段断路器和接至该母线段上的电源断路器，另一段则继续供电。有一个电源故障时，仍可以使两段母线都有电，可靠性比较好。但是线路故障时短路电流较大。

(2) 分段断路器 0QF 断开运行。

正常运行时分段断路器 0QF 断开，两段母线上的电压可不相同。每个电源只向接至本段母线上的引出线供电。当任一电源出现故障时，接该电源的母线停电，导致部分用户停电。为了解决这个问题，可以在 0QF 处装备自投装置，或者重要用户可以从两段母线引接采用双回路供电。分段断路器断开运行的优点是可以限制短路电流。

3. 单母线分段带旁路母线接线

图 4-20 为单母线分段带旁路接线的一种情况。旁路母线经旁路断路器接至 Ⅰ、Ⅱ 段母线上。正常运行时，90QF 回路以及旁路母线处于冷备用状态。

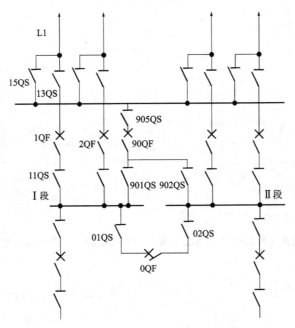

图 4-20 单母线分段带旁路接线

当出线回路数不多时，旁路断路器利用率不高，可与分段断路器合用，

并有以下两种形式:

(1) 分段断路器兼作旁路断路器。

如图4-21所示,从分段断路器0QF的隔离开关内侧引接联络隔离开关05QS和06QS至旁路母线,在分段工作母线之间再加两组串联的分段隔离开关03QS和04QS。正常运行时,分段断路器0QF及其两侧隔离开关03QS和04QS处于接通位置,联络隔离开关05QS和06QS处于断开位置,分段隔离开关01QS和02QS中,一组断开,一组闭合,旁路母线不带电。

(2) 旁路断路器兼作分段断路器。

如图4-22所示,正常运行时两分段隔离开关01QS、02QS,一个投入一个断开,两段母线通过901QS、90QF、905QS、旁路母线、03QS相连接,90QF起分段断路器作用。

以图4-22为例,检修线路L1的断路器1QF时,要求线路不停电。其操作顺序如下:检查90QF确断,合上901QS,合上905QS,合上90QF,检查旁路母线电压正常,断开90QF,合上15QS,合上90QF,检查90QF三相电流平衡,断开1QF,断开13QS,断开11QS,然后按检修要求做好安全措施,即可对1QF进行检修,而整个过程L1线路不停电。

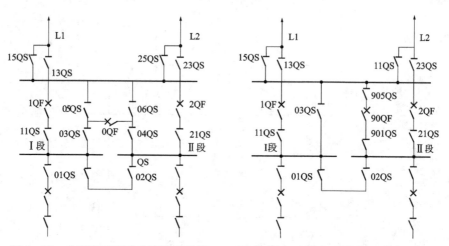

图4-21 分段断路器兼作旁路断路器　　图4-22 旁路断路器兼作分段断路器

任务二　双母线主接线图的识绘

引言

双母线接线就是将工作线、电源线和出线通过一台断路器和两组隔离开关连接到两组（一次/二次）母线上，且两组母线都是工作线，而每一回路都可通过母线联络断路器并列运行。

与单母线相比，它的优点是供电可靠性大，可以轮流检修母线而不使供电中断；当一组母线故障时，只要将故障母线上的回路倒换到另一组母线，就可迅速恢复供电；另外，还具有调度、扩建、检修方便的优点。其缺点是每一回路都增加了一组隔离开关，使配电装置的构架及占地面积、投资费用都相应增加；同时由于配电装置的复杂，在改变运行方式倒闸操作时容易发生误操作，且不宜实现自动化；尤其当母线故障时，须短时切除较多的电源和线路，这对特别重要的大型发电厂和变电站是不允许的。

学习目标

（1）掌握双母线的接线形式。
（2）掌握双母线接线形式的使用场合和优缺点。

过程描述

（1）图纸的准备。为学生准备一幅变电站的一次系统图，主接线形式为双母线形式。
（2）图纸的识读。学习双母线主接线图的使用场合以及优缺点。

过程分析

双母线接线就是工作线、电源线和出线通过一台断路器和两组隔离开关连接到两组母线上，且两组母线都是工作线，而每一回路都可以通过母联断路器并列运行。

新知识储备

一、双母线接线

1. 接线特点

不分段的双母线接线如图 4-23 所示。这种接线有两组母线（ⅠWB 和 ⅡWB），在两组母线之间通过母线联络断路器 0QF（以下简称母联断路器）连接；每一条引出线（L1、L2、L3、L4）和电源支路（5QF、6QF）都经一台断路器与两组母线隔离开关分别接至两组母线上。

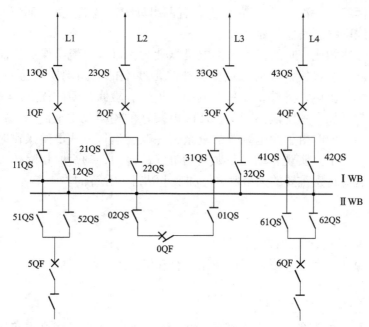

图 4-23 双母线接线

2. 典型操作

以下操作均以图 4-23 为例。

(1) Ⅰ母线运行转检修操作。

① 正常运行方式：两组母线并联运行，L1、L3、5QF 接Ⅰ母线，L2、L4、6QF 接Ⅱ母线。

具体操作步骤如下。

确认 0QF 在合闸运行，取下 0QF 操作电源保险，合上 52QS，断开 51QS，合上 12QS，断开 11QS，合上 32QS，断开 31QS，投上 0QF 操作电源保险。然后断开 0QF，检查 0QF 确已断开，断开 01QS，断开 02QS，然后退出Ⅰ母线电压互感器，按检修要求做好安全措施，即可对Ⅰ母线进行检修，而整个操作过程没有任何回路停电。

在此过程中，操作刀闸之前取下 0QF 操作电源保险，是为了使在操作过程中母联断路器 0QF 不跳闸，确保所操作刀闸两侧为可靠等电位，因为如果在操作过程中母联断路器跳闸，则可能会造成带负荷断开（合上）隔离开关，造成事故。

② 正常运行方式：Ⅰ母线为工作母线，Ⅱ母线为备用母线。

具体操作步骤如下。

依次合上母联隔离开关 01QS 和 02QS，再合上母联断路器 0QF，用母联断路器向备用母线充电，检验备用母线是否完好。若备用母线存在短路故障，母联断路器立即跳闸；若备用母线完好，合上母联断路器后不跳闸。

然后取下 0QF 操作电源保险，合上 52QS，断开 51QS，合上 62QS，断开 61QS，合上 12QS，断开 11QS，合上 22QS，断开 21QS，合上 32QS，断开 31QS，合上 42QS，断开 41QS，投上 0QF 操作电源保险，由于母联断路器连接两套母线，所以依次合上、断开以上隔离开关只是转移电流，而不会产生电弧。

断开母联断路器 0QF，依次断开母联隔离开关 01QS 和 02QS。至此，Ⅱ母线转换为工作母线，Ⅰ母线转换为备用母线。在上述操作过程中，任一回路的工作均未受到影响。

(2) 51QS 隔离开关检修。

正常运行方式：两组母线并联运行，L1、L3、5QF 接Ⅰ母线，L2、L4、6QF 接Ⅱ母线。

具体操作步骤如下。

只需将 L1、L3 线路倒换到Ⅱ母线上运行，然后断开该回路和与此隔离开关相连接的Ⅰ母线，并做好安全措施，该隔离开关就可以停电检修，具体操作步骤参考操作（1）"Ⅰ母线运行转检修操作"。

(3) L1 线路断路器 1QF 拒动，利用母联断路器切断 L1 线路。

正常运行方式：两组母线并联运行，L1、L3、5QF 接Ⅰ母线，L2、L4、6QF 接Ⅱ母线。

具体操作步骤如下。

首先利用倒母线的方式，将 L3 回路和 5QF 回路从Ⅰ母线上倒到Ⅱ母线上运行，这时 L1 线路、1QF、Ⅰ母线、母联、Ⅱ母线形成串联供电电路，然后断开母联断路器 0QF 切断电路，即可保证线路 L1 可靠切断。具体操作步骤读者可以参考前面相关操作自己练习。

二、双母线分段接线

双母线分段接线如图 4-24 所示，Ⅰ母线用分段断路器 00QF 分为两段，每段母线与Ⅱ母线之间分别通过母联断路器 01QF、02QF 连接。这种接线较双母线接线具有更高的可靠性和更大的灵活性。当Ⅰ组母线工作，Ⅱ组母线备用时，它具有单母线分段接线的特点。Ⅰ组母线的任一分段检修时，将该段母线所连接的支路倒至备用母线上运行，仍能保持单母线分段运行的特点。当具有 3 个或 3 个以上电源时，可将电源分别接到Ⅰ组的两段母线和Ⅱ组母线上，用母联断路器连通Ⅱ组母线与Ⅰ组某一个分段母线，构成单母线分 3 段运行，可进一步提高供电可靠性。

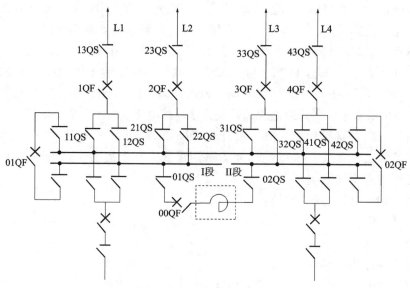

图 4-24 双母线分段接线

三、双母线带旁路母线接线

1. 接线特点

有专用旁路断路器的双母线带旁路接线如图 4-25 所示，旁路断路器可代替出线断路器工作，使出线断路器检修时，线路供电不受影响。双母线带旁路接线，正常运行多采用两组母线固定连接方式，即双母线同时运行的方式，此时母联断路器处于合闸位置，并要求某些出线和电源固定连接于Ⅰ母线上，其余出线和电源连至Ⅱ母线。两组母线固定连接回路的确定既要考虑供电可靠性，又要考虑负荷的平衡，尽量使母联断路器通过的电流很小。

双母线带旁路接线采用固定连接方式运行时，通常设有专用的母线差动保护装置。运行中，如果一组母线发生短路故障，则母线保护装置动作跳开与该母线连接的出线、电源和母联断路器，维持未故障母线的正常运行。然后，可按操作规程的规定将与故障母线连接的出线和电源回路倒换到未故障母线上恢复送电。

用旁路断路器代替某出线断路器供电时，应将旁路断路器 90QF 与该出线对应的母线隔离开关合上，以维持原有的固定连接方式。

当出线数目不多，安装专用的旁路断路器利用率不高时，为了节省资金，可采用母联断路器兼作旁路断路器的接线，具体连接如图 4-26 所示。

项目四 系统框图及一次主接线图的识绘 139

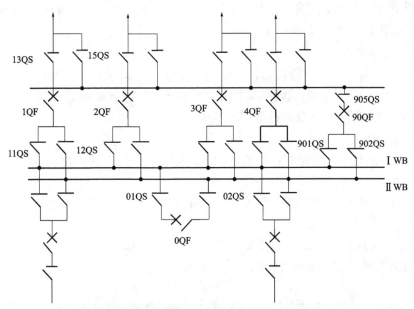

图 4-25 有专用旁路断路器的双母线带旁路接线

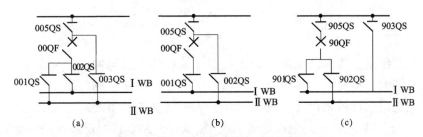

图 4-26 母联兼旁路断路器接线
(a) 两组母线带旁路；(b) 一组母线带旁路；(c) 设有旁线跨条

图 4-26 (a) 所示接线，按固定连接方式运行时 002QS、003QS、00QF 闭合，001QS、005QS 断开，旁路母线不带电，旁路断路器 00QF 作为母联断路器运行；如果需要用 00QF 代替出线断路器供电时，需先将双母线的运行方式改为单母线运行，再按操作规程完成用 00QF 代替出线断路器的操作。

图 4-26 (b) 所示接线，按固定连接方式运行时，001QS、00QF、002QS 闭合，005QS 断开，旁路母线不带电运行。用 00QF 代替出线断路器供电时，需先将Ⅱ母线倒换为备用母线，Ⅰ母线为工作母线，然后再完成用 00QF 代替出线断路器的操作。

图 4-26 (c) 所示接线，按固定连接方式运行时，902QS、90QF、905QS、903QS 闭合，901QS 断开，旁路母线带电运行。用 90QF 代替出线断

路器供电时,需先将双母线的运行方式改为单母线运行,再按操作规程完成用90QF代替出线断路器的操作。

2. 典型操作

操作任务:1QF运行转检修,线路不停电(以图4-25为例)。

正常运行方式:采用固定连接方式,1QF、2QF接Ⅰ母线,3QF、4QF接Ⅱ母线,90QF回路以及旁路母线冷备用。

具体操作步骤如下。

(1)给旁路母线充电:检查90QF确实断开,合上901QS,合上905QS,合上90QF,查旁路母线电压正常。

(2)用旁路断路器给线路送电:断开90QF,合上15QS,合上90QF,检查90QF三相电流平衡。

(3)断开1QF,检查1QF确实断开,断开13QS,断开11QS,然后按检修要求作安全措施,即可对1QF进行检修。

任务三 一台半主接线图的识绘

引言

近几年来,我国已相继建成了许多区域性的大型电网,如果在大型电力网络中的大容量发电厂和枢纽变电站发生了停电事故,则将给整个电力系统的安全稳定运行带来严重威胁。因此,为了提高这些重要厂、站的运行可靠性,在330 kV及以上的电压等级系统中,3/2断路器接线已经得到广泛采用。

学习目标

(1)掌握3/2断路器的接线形式。
(2)掌握3/2断路器接线形式的使用场合和优缺点。

过程描述

(1)图纸的准备。为学生准备一幅变电站的一次系统图,主接线形式为3/2断路器接线形式。

(2)图纸的识读。学习3/2断路器接线图的使用场合以及优缺点。

过程分析

3/2断路器接线就是在每3个断路器中间送出2回路,一般只用于500 kV

（或重要 220 kV）电网的母线主接线。它的主要优点有以下几个方面。

（1）运行调度灵活，正常时两条母线和全部断路器运行，成多路环状供电。

（2）检修时操作方便，当一组母线停止时，回路不需要切换，任一台断路器检修，各回路仍按原接线方式，不需切换。

（3）运行可靠，每一回路由两台断路器供电，母线发生故障时，任何回路都不停电。

3/2 断路器接线的缺点是使用设备较多，特别是断路器和电流互感器，投资费用大，保护接线复杂。

新知识储备

一、一台半断路器接线

1. 接线特点

一台半断路器接线如图 4-27 所示，有两组母线，每一回路经一台断路器接至一组母线，两个回路间有一台断路器联络，形成一串，每回进出线都与两台断路器相连，而同一串的两条进出线共用 3 台断路器，故而得名一台半断路器接线或叫做二分之三接线。正常运行时，两组母线同时工作，所有断路器均闭合。

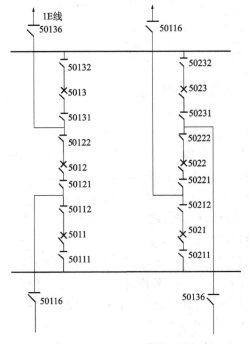

图 4-27　一台半断路器接线

2. 典型操作

(1) Ⅰ母线由运行转检修。

断开 5011 断路器，检查 5011 断路器在分闸位。

断开 5021 断路器，检查 5021 断路器在分闸位。

断开 50111 隔离开关，检查 50111 隔离开关分闸到位。

断开 50211 隔离开关，检查 50211 隔离开关分闸到位。

进行保护的投退和安全措施后，即可对Ⅰ母线进行检修。

(2) Ⅰ母线由检修转运行。

拆除全措施以及进行保护投退切换。

检查 5011 断路器确实断开，合上 50111 隔离开关，检查 50111 隔离开关合闸到位。

检查 5021 断路器确实断开，合上 50211 隔离开关，检查 50211 隔离开关合闸到位。

合上 5011 断路器，检查 5011 断路器在合闸位。

合上 5021 断路器，检查 5021 断路器在合闸位。

(3) 1E 线由运行转检修。

断开 5012 断路器，检查 5012 断路器在分闸位。

断开 5013 断路器，检查 5013 断路器在分闸位。

断开 50136 隔离开关，检查 50136 隔离开关分闸到位。

进行保护的投退和安全措施后，即可对 1E 线路进行检修。

(4) 1E 线路由检修转运行。

撤出安全措施和进行保护的投退。

检查 5012 断路器确实断开。

检查 5013 断路器确实断开。

合上 50136 隔离开关，检查 50136 隔离开关合闸到位。

合上 5013 断路器，检查 5013 断路器在合闸位。

合上 5012 断路器，检查 5012 断路器在合闸位。

(5) 5012 断路器由运行转检修。

检查 5012 断路器确实断开。

断开 50122 隔离开关，检查 50122 隔离开关分闸到位。

断开 50121 隔离开关，检查 50121 隔离开关分闸到位。

进行保护的投退和安全措施后，即可对 5012 断路器进行检修。

(6) 5012 断路器由检修转运行。

撤除安全措施和进行保护的投退。

检查 5012 断路器确实断开。

合上 50122 隔离开关，检查 50122 隔离开关合闸到位。

合上 50121 隔离开关，检查 50121 隔离开关合闸到位。

合上 5012 断路器，检查 5012 断路器在合闸位。

3. 适用范围

一台半断路器接线，目前在国内、外已较广泛应用于大型发电厂和变电站的 330~500 kV 的配电装置中。当进出线回路数为 6 回及以上，在系统中占重要地位时，宜采用一个半断路器接线。

二、桥形接线

桥形接线适用于仅有两台变压器和两回出线的装置中，接线如图 4 – 28 所示。桥形接线仅用 3 台断路器，根据桥回路（3QF）的位置不同，可分为内桥和外桥两种接线。桥形接线正常运行时，3 台断路器均闭合工作。

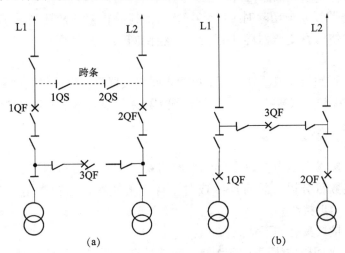

图 4 – 28　桥形接线

(a) 内桥接线；(b) 外桥接线

1. 内桥接线

内桥接线如图 4 – 28（a）所示，桥回路置于线路断路器内侧（靠变压器侧），此时线路经断路器和隔离开关接至桥接点，构成独立单元；而变压器支路只经隔离开关与桥接点相连，是非独立单元。

内桥接线具有以下特点。

（1）线路操作方便。如线路发生故障，仅故障线路的断路器跳闸，其余 3 个回路可继续工作，并保持相互的联系。

（2）正常运行时变压器操作复杂。如变压器 1T 检修或发生故障时，需断开断路器 1QF、3QF，使未故障线路 L1 供电受到影响，然后需经倒闸操作，拉开隔离开关 1QS 后，再合上 1QF、3QF 才能恢复线路 L1 工作。因此将造成该侧线路的短时停电。

（3）桥回路故障或检修时两个单元之间失去联系；同时，出线断路器故障或检修时，造成该回路停电。为此，在实际接线中可采用设外跨条来提高运行灵活性。

2. 外桥接线

外桥接线如图 4-28（b）所示，桥回路置于线路断路器外侧，变压器经断路器和隔离开关接至桥接点，而线路支路只经隔离开关与桥接点相连。

外桥接线具有以下特点。

（1）变压器操作方便。如变压器发生故障时，仅故障变压器回路的断路器自动跳闸，其余三回路可继续工作，并保持相互的联系。

（2）线路投入与切除时，操作复杂。如线路检修或故障时，需断开两台断路器，并使该侧变压器停止运行，需经倒闸操作恢复变压器工作，造成变压器短时停电。

（3）桥回路故障或检修时两个单元之间失去联系，出线侧断路器故障或检修时，造成该侧变压器停电，在实际接线中可采用设内跨条来解决这个问题。

三、多角形接线

多角形接线也称为多边形接线，如图 4-29 所示。它相当于将单母线按电源和出线数目分段，然后连接成一个环形的接线。比较常用的有三角形、四角形和五角形接线。

多角形接线具有如下特点。

（1）每个回路位于两个断路器之间，具有双断路器接线的优点，检修任一断路器都不中断供电。

（2）所有隔离开关只用作隔离电器使用，不作操作电器用，容易实现自动化和遥控。

（3）正常运行时，多角形是闭合的，任一进出线回路发生故障，仅该回路断开，其余回路不受影响，因此运行可靠性高。

（4）任一断路器故障或检修时，则开环运行。此时若环上某一元件再发生故障，就有可能出现非故障回路被迫切除并将系统解列。这种缺点随角数的增加更为突出，所以这种接线最多不超过 5 角。

（5）开环和闭环运行时，流过断路器的工作电流不同，这将给设备选择

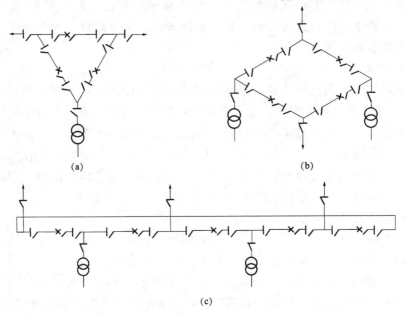

图 4-29 多角形接线
(a) 三角形接线；(b) 四角形接线；(c) 五角形接线

和继电保护整定带来一定的困难。

（6）此接线的配电装置不便于扩建和发展。

四、单元接线

单元接线是将不同的电气设备（发电机、变压器、线路）串联成一个整体，称为一个单元，然后再与其他单元并列。

1. 单元接线

单元接线如图 4-30 所示。图 4-30（a）为发电机、双绕组变压器组成的单元，断路器装于主变高压侧，作为该单元共同的操作和保护电器。在发电机和变压器之间不设断路器，可装一组隔离开关供试验和检修时作为隔离元件。

当高压侧需要联系两个电压等级时，主变采用三绕组变压器或自耦变压器，就组成发电机三绕组变压器（自耦变压器）单元接线，如图 4-30（b）、(c) 所示。为了能保证发电机故障或检修时高压侧与中压侧之间的联系，应在发电机与变压器之间装设断路器。若高压侧与中压侧对侧无电源时，发电机和变压器之间可不设断路器。

图 4-30（d）为发电机-变压器-线路组单元接线。它是将发电机、变压器和线路直接串联，中间除了自用电外没有其他分支引出。这种接线实际

上是发电机-变压器单元和变压器-线路单元的组合,常用于 1~2 台发电机、一回输电线路,且不带近区负荷的梯级开发的水电站,把电能送到梯级开发的联合开关站。

2. 扩大单元接线

采用两台发电机与一台变压器组成单元的接线称为扩大单元接线,如图 4-31 所示。在这种接线中,为了适应机组开停的需要,每一台发电机回路都装设断路器,并在每台发电机与变压器之间装设隔离开关,以保证停机检修的安全。装设发电机出口断路器的目的是使两台发电机可以分别投入运行或当任一台发电机需要停止运行或发生故障时,可以操作该断路器,而不影响另一台发电机与变压器的正常运行。

扩大单元接线与单元接线相比有如下特点。

(1) 减小了主变压器和主变高压侧断路器的数量,减少了高压侧接线的回路数,从而简化了高压侧接线,节省了投资和场地。

(2) 任一台机组停机都不影响厂用电的供给。

(3) 当变压器发生故障或检修时,该单元的所有发电机都将无法运行。

扩大单元接线用于在系统有备用容量的大中型发电厂中。

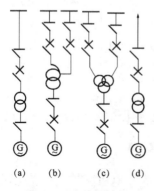

图 4-30 单元接线
(a) 发电机双绕组变压器单元接线;
(b) 发电机自耦变压器单元接线;
(c) 发电机三绕组变压器单元接线;
(d) 发电机变压器线路组单元接线

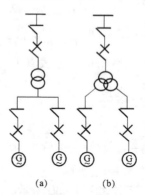

图 4-31 扩大单元接线
(a) 发电机双绕组变压器扩大单元接线;
(b) 发电机分裂绕组变压器扩大单元接线

五、变电站的电气主接线实例

1. 枢纽变电站接线

枢纽变电站通常汇集着多个大电源和大功率联络线,具有电压等级高、变压器容量大、线路回数多等特点,在电力系统中具有非常重要的地位。枢纽变电站的电压等级不宜多于三级，以免接线过分复杂。

图 4-32 所示为某枢纽变电站，其电压等级为 500/220/35 kV，主变压器是两台容量为 750 MV·A 的自耦变压器。500 kV 配电装置采用一个半断路器接线，两台主变接入不同的串并采用了交叉连接法，具有非常高的供电可靠性。220 kV 侧有大型工业、企业及城市负荷（共 14 回线路），该侧配电装置采用有专用旁路断路器的双母线带旁路接线，可以保证在母线检修、出线断路器检修时线路不停电。两台主变压器 35 kV 侧都采用单母线接线，每台主变压器低压侧带 120 MVar 并联电容器和 135 MVar 并联电抗器以及站用变，两台主变压器 35 kV 侧不设联络断路器，方便运行和管理。

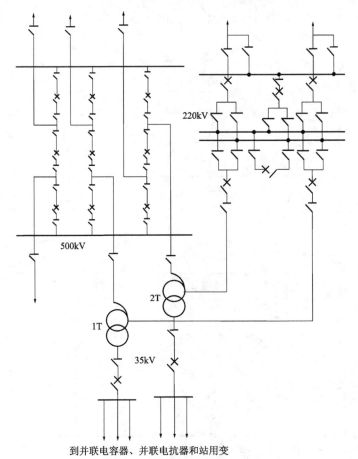

图 4-32 枢纽变电站主接线简图

2. 区域变电站接线

区域变电站主要是承担地区性供电任务，通常是一个地区或城市的主要变电站。区域变电站高压侧电压等级一般为 110~220 kV，低压侧为 35 kV 或 10 kV；大容量区域变电站的电气主接线一般较复杂，6~10 kV 侧常需采取限制短路电流措施；中、小容量地区变电站的 6~10 kV 侧，通常不需采用限流措施，接线较为简单。

图 4-33 所示为某中型地区变电站电气主接线简图。220 kV 配电装置采用内桥接线，为了避免桥断路器检修时系统开环运行，在线路侧设置了跨条。110 kV 配电装置采用单母线分段接线，部分重要用户从两段母线引接电源采用双回线供电，保证用户对供电可靠性的要求。35 kV 侧给附近用户供电，也采用单母线分段接线。

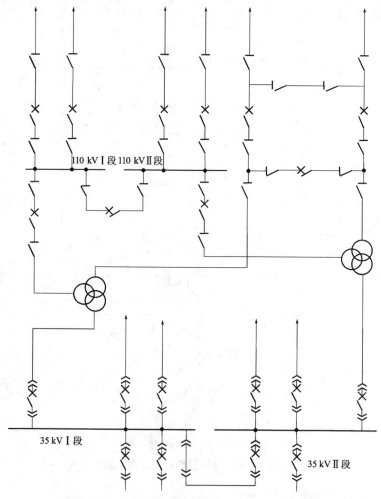

图 4-33　220kV 中型地区变电站电气主接线简图

3. 终端变电站主接线

终端变电站的所址靠近负荷点，一般只有两级电压，高压侧电压通常为 110 kV，由 1~2 回线路供电，低压侧一般为 10 kV，接线较简单。

图 4-34 为终端变电站的主接线，该变电站高压侧由一条 110 kV 线路供电。变电站只设一台主变，高压侧采用单母线接线；低压侧有 3 条出线，线路较少，也采用单母线接线。若用户侧没有其他电源，则线路侧也可以不设置隔离开关。

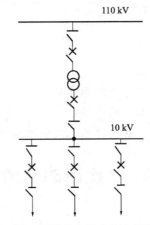

图 4-34　终端变电站电气主接线简图

项目五

二次回路图的识读

学习目标

1. 掌握二次回路图的概念、分类；
2. 掌握二次回路图回路标号的编制规则；
3. 掌握二次回路图的基本读图方法；
4. 通过对二次回路图的识读，提高二次回路图的读图能力。

任务一　二次回路图的认识

引言

在发电厂和变电站涉及二次回路的地方很多，通常包括用以采集一次系统电压、电流信号的交流电压回路、交流电流回路，用以对断路器等设备进行操作的控制回路，用以对主变压器分接头位置进行控制的调节回路，用以反映一、二次设备运行状态、异常及故障情况的信号回路等。在企业工作的过程中经常涉及这些图纸，所以二次回路图显得格外重要。

学习目标

（1）掌握二次回路图的概念、分类。
（2）掌握二次回路图回路标号的编制规则。

过程描述

（1）图纸的准备。为学生准备二次回路图，熟悉图纸。
（2）图纸的识读。通过查阅资料学习二次回路图的概念及分类，掌握二次回路图回路标号的编制规则。

过程分析

明确二次回路图的概念。二次回路按用途可分为控制回路、继电保护回路、测量回路、信号回路、自动装置回路；按交、直流来分，又可分为交流电压和交流电流回路以及直流逻辑回路；按不同的绘制方法可分为原理图、展开图、安装图。通过识读二次回路图的回路标号，掌握各种回路标号的编号规则。

新知识储备

一、电气二次设备和二次回路

1. 二次回路的概念

二次设备是指对一次设备的工作进行监测、控制、调节、保护以及为运行、维护人员提供运行工况或生产指挥信号所需的低压电气设备，如熔断器、控制开关、继电器、控制电缆等。由二次设备相互连接，构成对一次设备进行监测、控制、调节和保护的电气回路称为二次回路或二次接线系统。

2. 二次回路的分类

二次回路一般包括：控制回路、继电保护回路、测量回路、信号回路、自动装置回路。按交、直流来分，又可分为交流电压和交流电流回路以及直流逻辑回路。按不同的绘制方法可分为：原理图、展开图、安装图。根据二次回路图各部分不同的特点和作用，绘制不同的图。

(1) 按用途区分。

① 控制回路。

控制回路由控制开关与控制对象（如断路器、隔离刀闸）的传递机构、执行（或操作）机构组成。其作用是对一次设备进行"合""分"操作。

② 继电保护和自动装置回路。

继电保护和自动装置回路是由测量回路、比较部分、逻辑部分和执行部分等组成。其作用是根据一次设备和系统的运行状态进行判断，当发生故障或异常时，自动发出跳闸命令，有选择性地切除故障，并发出相应的信号；当故障或异常消失后，快速投入有关断路器（重合闸及备用电源自动投入装置），恢复系统的正常运行。

③ 测量回路。

测量回路由各种测量仪表及其相关回路组成。其作用是指示或记录一次设备和系统的运行参数,以便运行人员掌握一次系统的运行情况,同时也是分析电能质量、计算经济指标、了解系统潮流和主设备运行工况的主要依据。

④ 信号回路。

信号回路由信号发送机构和信号继电器等构成。其作用是反映一、二次设备的工作状态。包括光字牌回路、音响回路(警铃、电笛),信号经由信号继电器及保护元件到中央信号盘或由操动机构到中央信号盘。

⑤ 调节回路。

调节回路是指调节型自动装置。如发电机的励磁调节装置、对电容器进行投切的装置。它们是由测量机构、传送机构、调节器和执行机构组成。其作用是根据一次设备运行参数的变化,实时在线调节一次设备的工作状态,以满足运行要求。

(2) 按绘制方法区分。

二次图纸通常分为原理接线图和安装接线图。

① 原理接线图。

原理接线图通常又分为归总式原理接线图和展开式原理接线图。

归总式原理接线图简称原理图,它以整体的形式表示各二次设备之间的电气连接,一般与一次回路的有关部分画在一起,设备的接点与线圈是集中画在一起的,能综合出交流电压、电流回路和直流回路间的联系,使读图者对二次回路的构成及动作过程有一个明确的整体概念。图 5-1 为 6~10 kV 线路过电流保护原理图。

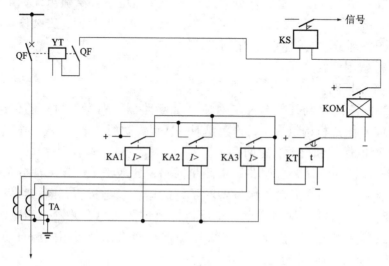

图 5-1 6~10 kV 线路过电流保护原理图

当被保护线路发生故障时,短路电流经电流互感器 TA 流入 KA1~KA3,短路电流大于电流继电器整定值时,电流继电器启动。因 3 只电流继电器触点并联,所以只要一只电流继电器触点闭合,便启动时间继电器 KT,按预先整定的时限,其触点闭合,并启动出口中间继电器 KOM。KOM 动作后,接通跳闸回路,使 QF 断路器跳闸,同时使信号继电器动作发出动作信号。由于保护的动作时限与短路电流的大小无关,是固定的,故称为定时限过电流。

原理接线图主要用来表示继电保护和自动装置的工作原理和构成这套装置所需要的设备,它可作为二次回路设计的原始依据。由于原理接线图上各元件之间的联系是用整体连接表示的,没有画出它们的内部接线和引出端子的编号、回路的编号;直流仅标明电源的极性,没有标出从何熔断器下引出;信号部分在图中仅标出"至信号",无具体接线。因此,只有原理接线图是不能进行二次回路施工的,还要其他一些二次图纸配合才可以,而展开接线图就是其中的一种。

展开式原理接线图以分散的形式表示二次设备之间的连接。展开图中二次设备的接点与线圈分散布置,交流电压、交流电流、直流回路分别绘制。这种绘制方式容易跟踪回路的动作顺序,便于二次回路的设计,也容易在读图时发现回路中的错误。

图 5-2 是根据图 5-1 所示的原理接线图而绘制的展开接线图。左侧是保护回路展开图,右侧是示意图。从图 5-2 中可看出,展开接线图由交流电流回路、直流操作回路和信号回路三部分组成。交流电流回路由电流互感器 1LH 的二次绕组供电,电流互感器仅装在 A、C 两相上,其二次绕组各接入一个电流继电器线圈,然后用一根公共线引回构成不完全星形接线。A411、C411 和 N411 为回路编号。

直流操作回路中,画在两侧的竖线表示正、负电源,向上的箭头及编号 101 和 102 表示它们分别是从 (+)、(-) 控制回路的熔断器 FU_1 和 FU_2 下面引来。横线条中上面两行为时间继电器启动回路,第三行为信号继电器和中间继电器启动回路,第四行为信号指示回路,第五行为跳闸回路。

② 安装接线图。

安装接线图包括屏面布置图、屏后接线图、端子排图等。

屏面布置图表示二次设备在屏面(及屏后、屏顶)的安装位置,一般按实际尺寸的一定比例绘制。屏面布置图是加工制造屏柜和安装屏柜上设备的依据。上面每个元件的排列、布置,系统根据运行操作的合理性,并考虑维护运行和施工的方便来确定,因此应按一定比例进行绘制,并标注尺寸。保护屏面布置图,如图 5-3 所示。

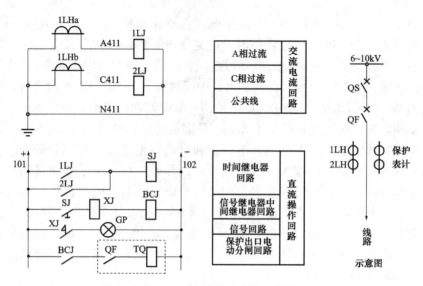

图 5-2　6~10 kV 线路过电流保护展开图

QS—隔离开关；QF—断路器；1LH、2LH—电流互感器；1LJ、2LJ—电流继电器；
SJ—时间继电器；XJ—信号继电器；BCJ—保护出口中间继电器；TQ—跳闸线圈

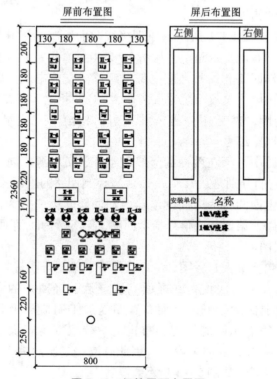

图 5-3　保护屏面布置图

屏后接线图表示屏内二次设备间的电气连接关系。

屏后接线图是安装和运行人员站在屏后面配线和查线用的基本图纸。所以屏后接线图画成背视图，左右方向正好与屏面布置图相反。绘制屏背面接线图时，应根据屏面布置图，按在屏上的实际安装位置把各设备的背视图画出来，如图 5-4 所示，即从屏背面看，将屏顶向上，屏两侧向左向右展开，以平面图形表示。设备外形应尽量与实际情况相符，但可用简化图形，如圆形、方形、矩形等。不要求按比例尺绘制，但相对位置应正确。各设备的引出端子，应按实际排列顺序画出。设备的内部接线可以不画。从屏后看不见的设备轮廓，其边框可用虚线表示。

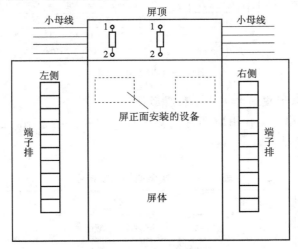

图 5-4 屏后接线图

端子排图表示屏端子排与屏内二次设备及屏外电缆间的连接关系。

接线端子也简称为端子，是二次接线中不可缺少的配件。屏内设备与屏外设备之间的连接，屏内各安装单位设备之间的连接，都必须通过接线端子来实现。许多端子组合构成端子排。控制屏和保护屏的端子排一般以垂直方式安装在屏后的两侧。

目前国内接线端子结构类型很多，它的基本结构是绝缘底座和导电极板。按接线端子按用途可分为以下几种类型：普通端子，用于连接屏内与屏外导线；连接端子，用于端子间相互连接；试验端子，用于需要接入试验仪表的交流电流回路中；终端端子，用于固定整个端子排或隔开不同安装单位的端子排。图 5-5 为端子接线图示例。

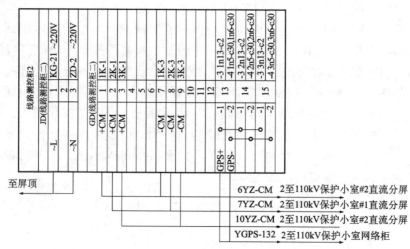

图 5-5 端子接线图

3. 二次回路图中的文字符号和图形符号

表 5-1 列出了二次电路的常用文字符号，表 5-2 列出了二次电路的常用图形符号。

表 5-1 二次电路的文字符号

名称	新	旧	名称	新	旧
继电器	K	J	跳闸位置继电器	KTP	TWJ
电流继电器	KC	LJ	跳跃闭锁继电器	KLR	TBJ
电压继电器	KV	YJ	合闸接触器	KMC	HC
时间继电器	KT	SJ	合闸线圈	YC	HQ
中间继电器	KAM	ZJ	跳闸线圈	YT	TQ
信号继电器	KS	XJ	母线	W	M
差动继电器	KD	CJ	电压小母线	WV	YM
瓦斯继电器	KG	WSJ	控制电源小母线	WC	KM
闭锁继电器	KLA	BSJ	合闸电源小母线	WOM	HM
热继电器	KR	RJ	闪光电源小母线	WF	SM
位置继电器	KP	WJ	信号电源小母线	WS	XM
接地继电器	KE	JDJ	事故音响小母线	WAS	SYM
频率继电器	KF	PJ	预告信号小母线	WFS	YBM

续表

名称	新	旧	名称	新	旧
速度继电器	KSP	SDJ	灯光信号小母线	WL	BM
脉冲继电器	KPU	CJJ	光字牌小母线	WP	PM
灵敏继电器	KSE	GHJ	控制开关	SA	KK
监视继电器	KWA	JJ	按钮开关	SB	AN
合闸位置继电器	KCP	HWJ	连接片	XB	LP

表 5–2 二次电路图中常用的图形符号

序号	元件	图形	序号	元件	图形
1	瞬时闭合的动合（常开）触点		8	接触器的动断（常闭）触点	
2	瞬时断开的动断（常闭）触点		9	断路器辅助开关的动合（常开）触点	
3	延时闭合、瞬时断开的动合（常开）触点		10	断路器辅助开关的动断（常闭）触点	
4	瞬时闭合、延时断开的动合（常开）触点		11	一般电气线圈及合闸线圈	
5	延时闭合、瞬时闭合的动断（常闭）触点		12	电压线圈	
6	瞬时断开、延时闭合的动断（常闭）触点		13	电流线圈	
7	接触器的动合（常开）触点		14	带时限的电磁继电器线圈 (1) 缓吸线圈 (2) 缓放线圈	

4. 二次回路标号

（1）编号的作用。

二次设备数量多，相互之间连接复杂。要将这些二次设备连接起来就需要数量庞大的二次连线或二次电缆，如何才能使每根二次线与二次设备间的相互关系清晰明了呢？有效的方法是编号，按二次连接线的性质、用途和走向为每一根线按一定规律分配一个唯一的编号，就可以把纷繁复杂的二次线一一区分开来。

按线的性质、用途来进行编号的方法叫回路编号法，按线的走向和设备端子进行编号的方法叫相对编号法。

(2) 回路编号法。

① 回路编号原则。

凡是各设备间要用控制电缆经端子排进行联系的，都要按回路原则进行编号。某些在屏顶上的设备与屏内设备的连接，也要经过端子排，此时屏顶设备可看作是屏外设备，在其连接线上同样按回路编号原则给予相应的标号。换句话说，就是不在一起（一面屏或一个箱内）的二次设备之间的连接线就应使用回路编号。

② 回路编号作用。

在二次回路图里面，用得最多的就是展开式原理图。在展开式原理图中的回路编号和安装接线图端子排上电缆芯的编号是一一对应的。这样看到端子排上的一个编号，就可以在展开图上找到对应这一编号的回路；同样，看到展开图上的某一回路，可以根据这一编号找到其连接在端子排上的各个点，从而为二次回路的检修、维护提供极大的方便。

③ 回路编号的基本方法。

由三位或三位以下的数字组成。需要标明回路的相别或某些主要特征时，可在数字编号的前面（或后面）增注文字或字母符号。

按等电位的原则标注，即在电气回路中，连于一点上的所有导线均标以相同的回路编号。

电气设备的触点、线圈、电阻、电容等元件所间隔的线段，即视为不同的线段，一般给予不同的标号；当两段线路经过常闭接点相连，虽然平时都是等电位，但一旦接点断开，就变为不等电位，所以经常闭触点相连的两段线路也要给予不同编号。对于在接线图中不经过端子而在屏内直接连接的回路，可不编号。

④ 直流回路编号细则。

对于不同用途的直流回路，使用不同的数字范围，如控制和保护用 001～099 及 100～599，励磁回路用 601～699。直流回路的数字标号组见表 5-3。

控制和保护回路使用的数字标号，按熔断器所属的回路进行分组，每一百个数分为一组，如 101～199、201～299、301～399、…，其中每段里面先按正极性回路（编为奇数）由小到大，再编负极性回路（偶数）由大到小。例如：100，101，103，133，…，142，140，…

信号回路的数字标号，按事故、位置、预告、指挥信号进行分组，按数字大小进行排列。

开关设备、控制回路的数字标号组,应按开关设备的数字序号进行选取。例如有 3 个控制开关 1KK、2KK、3KK,则 1KK 对应的控制回路数字标号选 101~199,2KK 所对应的选 201~299,3KK 所对应的选 301~399。对分相操作的断路器,其不同相别的控制回路常在数字组后加小写的英文字母来区别,如 107a、335b 等。

正极回路的线段按奇数标号,负极回路的线段按偶数编号;每经过回路的主要压降元(部)件(如线圈、绕组、电阻等)后,即改变其极性,其奇偶顺序即随之改变。对不能标明极性或其极性在工作中改变的线段,可任选奇数或偶数。

对于某些特定的主要回路通常给予专用的标号组。例如:正电源 101、201,负电源 102、202;合闸回路中的绿灯回路为 105、205、305、405。

表 5-3　直流回路的数字标号组

回路名称	数字标号组			
	一	二	三	四
正电源回路	1	101	201	301
负电源回路	2	102	202	302
合闸回路	3~31	103~131	203~231	303~331
绿灯或合闸回路监视继电器回路[①]	5	105	205	305
跳闸回路	33~49	133~149	233~249	333~349
红灯或跳闸回路监视继电器回路[①]	35	135	235	335
备用电源自动合闸回路[②]	50~69	150~169	250~269	350~369
开关设备的位置信号回路	70~89	170~189	270~289	370~389
事故跳闸音响信号回路	90~99	190~199	290~299	390~399
保护回路	01~099(或 J1~J99)			
发电机励磁回路	601~699			
信号及其他回路	701~999			

注:① 对于开关回路内的红灯和绿灯控制回路,如直接自控制电缆引接时,该回路可以使用与控制回路电源相同的标号。
② 在没有备用电源自动投入的安装单位,在接线图中标号 50~69 可作为其他回路的标号,但当回路标号不够用时,可以向后递减。

⑤ 交流回路编号细则。

不同用途的交流回路，使用不同的数字组，在数字组前加大写的英文字母来区别其相别。例如电流回路用 400~599，电压回路用 600~799。电流回路的数字标号，一般以 10 位数字为一组，如 A401~A409、B401~B409、C401~C409、…、A591~A599、B591~B599。若不够亦可 20 位数为一组，供一套电流互感器之用。几组相互并联的电流互感器的并联回路，应先取数字组中最小的一组数字标号。不同相的电流互感器并联时，并联回路应选任何一组电流互感器的数字组进行标号。电压回路的数字标号，应以 10 位数字为一组。例如 A601~A609，B601~B609，C601~C609，A791~A799，…，以供一个单独互感器回路标号之用。交流回路的数字标号组见表 5-4。

电流互感器和电压互感器的回路，均需在分配给他们的数字标号范围内，自互感器引出端开始，按顺序编号，例如 TA 的回路标号用 411~419、2TV 的回路标号用 621~629 等。

某些特定的交流回路给予专用的标号组。如用"A310"标示 110kV 母线电流差动保护 A 相电流公共回路；"B320I"标示 220kV #I 母线电流差动保护 B 相电流公共回路；"C700"标示绝缘检查电压表的 C 相电压公共回路。

表 5-4 交流回路的数字标号组

回路名称	互感器的文字符号及电压等级	回路标号组				
		A 相	B 相	C 相	中性线	零序
保护装置及测量表计的电流回路	TA	A401~A409	B401~B409	C401~C409	N401~N409	L401~L409
	TA1	A411~A419	B411~B419	C411~C419	N411~N419	L411~L419
	TA2	A421~A429	B421~B429	C421~C429	N421~N429	L421~L429
	TA9	A491~A499	B491~B499	C491~C499	N491~N499	L491~L499
	TA10	A501~A509	B501~B509	C501~C509	N501~N509	L501~L509
	TA19	A591~A599	B591~B599	C591~C599	N591~N599	L591~L599
保护装置及测量表计的电压回路	TV	A691~A609	B691~B609	C691~C609	N691~N609	L691~L609
	TV1	A611~A619	B611~B619	C611~C619	N611~N619	L611~L619
	TV2	A621~A629	B621~B629	C621~C629	N621~N629	L621~L629

（3）相对编号法。

相对编号常用于安装接线图中，供制造、施工及运行维护人员使用。当甲、乙两个设备需要互相连接时，在甲设备的接线柱上写上乙设备的编号及具体接线柱的标号,而在乙设备的接线柱上写上甲设备的编号及具体接线柱的标号,这种相互对应编号的方法称为相对编号法。如图5-6即是用相对编号标示的二次安装接线图,其中罗马数字和阿拉伯数字的组合为设备编号。

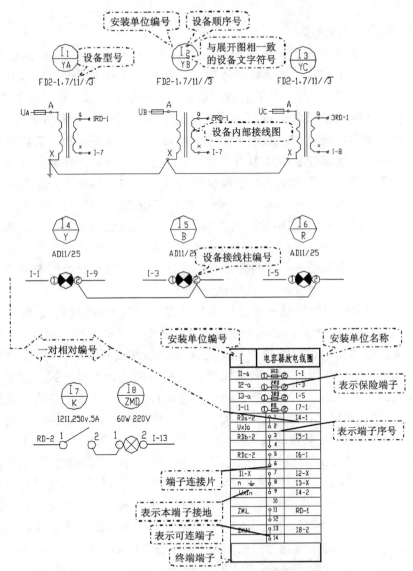

图5-6 相对编号标示的二次安装接线图

① 相对编号的作用。

回路编号可以将不同安装位置的二次设备通过编号连接起来,对于同一屏内或同一箱内的二次设备,相隔距离近,相互之间的连线多,回路多,采用回路编号很难避免重号,而且不便查线和施工,这时就只有使用相对编号:先把本屏或本箱内的所有设备顺序编号,再对每一设备的每一个接线柱进行编号,然后在需要接线的接线柱旁写上对端接线柱编号,以此来表达每一根连线。

② 相对编号的组成。

一个相对编号就代表一个接线桩头,一对相对编号就代表一根连接线。对于一面屏、一个箱子,接线柱有数百个,每个接线柱都得编号,编号要不重复、好查找,就必须统一格式,常用的是"设备编号 - 接线桩头号"格式。

一种设备编号是以罗马数字和阿拉伯数字组合的编号,多用于屏(箱)内设备数量较多的安装图,如中央信号继电器屏、高压开关柜、断路器机构箱等。罗马数字表示安装单位编号,阿拉伯数字表示设备顺序号,在该编号下边,通常还有该设备的文字符号和参数型号。例如一面屏上安装有两条线路保护,我们把用于第一条线路保护的二次设备按从上到下顺序编为Ⅰ1、Ⅰ2、Ⅰ3、…,端子排编为Ⅰ;把用于第二条线路保护的二次设备按从上到下顺序编为Ⅱ1、Ⅱ2、Ⅱ3、…,端子排编为Ⅱ。为对应展开图,在设备编号下方标注有与展开图相一致的设备文字符号,有时还注明设备型号,如图5-6所示。这种编号方式便于查找设备,但缺点是不够直观。

另一种设备编号方法是直接编设备文字符号(与展开图相一致的设备文字符号)。用于屏(箱)内设备数量较少的安装图,微机保护将大量的设备都集成在保护箱里了,整面微机保护屏上除保护箱外就只有空气开关、按钮、压板和端子排了,所以现在的微机保护屏大都采用这种编号方式。例如,保护装置就编为1n、2n、11n,空气开关就编为1K、2K、31K,连接片就编为1LP、2LP、21LP等,按钮就编为1SA、2FA、11FA,属于1n装置的端子排就编为1D,属于11n装置的端子排就编为11D,等等,如图5-7所示。

除设备编号外,还有设备接线柱编号。每个设备在出厂时对其接线柱都有明确编号,在绘制安装接线图时就应将这些编号按其排列关系、相对位置表达出来,以求得图纸和实物的对应。对于端子排,通常按从左到右从上到下的顺序用阿拉伯数字顺序编号。例如图5-6中的"Ⅰ1/YA"接线柱编号就是按照电压互感器出厂时的字母标号进行编号,图5-7中的"11n/LFX-913"接线柱是按从上到下的顺序编号,"11D"端子排是按从上到下的顺序编号。

把设备编号和接线柱编号加在一起,每一个接线柱就有了唯一的相对编号,如接线柱Ⅰ1-a、Ⅰ5-1、11n7、1K-3、1LP-2、11FA-1,端子号Ⅰ-1、Ⅰ-13、11D6、11D37。每一对相对编号就唯一对应一根二次接线,如11D9和11n10、Ⅰ4-1和Ⅰ-1。

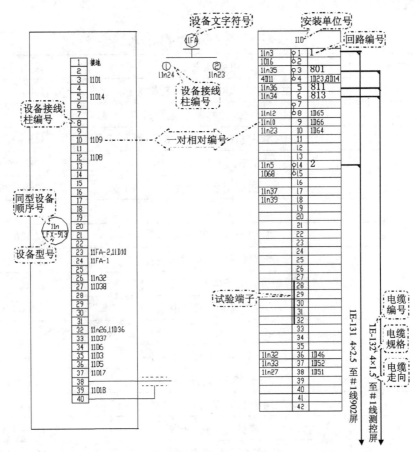

图 5-7 采用设备文字编号的二次安装接线图

(4) 控制电缆的编号。

在一个变电所或发电厂里,二次回路的控制电缆也有相当大的数量,为方便识读,需要对每一根电缆进行唯一编号,并将编号悬挂于电缆根部。电缆编号由打头字母和横杠加上 3 位阿拉伯数字构成,如 1Y-123、2SYH-112、3E-181A 等。打头字母表征电缆的归属,如 "Y" 就表示该电缆归属于 110 kV 线路间隔单元,若有几个线路间隔单元,就以 1Y、2Y、3Y 进行区分;"E" 表示 220 kV 线路间隔单元;"2UYH" 表示该电缆归属于 35 kV Ⅱ 段电压互感器间隔。阿拉伯数字表征电缆走向,如 121~125 表示该电缆是从控制室到 110 kV 配电装置的,180~189 表示该电缆是连接本台配电装置(TA、刀闸辅助触点)和另台配电装置(端子箱)的,130~149 表示该电缆是连接控制室内各个屏柜的。有时还在阿拉伯数字后面加上英文字母表示相别。控制电缆数字编号表见表 5-5。

表 5-5 控制电缆数字编号表

序号	电缆起止点	数字号
1	主控制室到汽机房（水轮机房）	100~110
2	主控制室到 6~10 kV 配电装置	111~115
3	主控制室到 35 kV 配电装置	116~120
4	主控制室到 110 kV 配电装置	121~125
5	主控制室到变压器	126~129
	其中：	
	控制屏到变压器端子箱	126
	控制屏到变压器调压装置	127
	控制屏到变压器套管电流互感器	128
6	主控制屏间联系电缆	130~149
	其中：	
	用于 6~10 kV 母线保护屏	145
	用于 35 kV 母线保护屏	146
	用于 110 kV 母线保护屏	147
7	汽机间内联系电缆	150~159
8	35 kV 配电装置内联系电缆	160~169
9	其他配电装置内联系电缆	170~179
10	110 kV 配电装置内联系电缆	180~189
11	变压器处联系电缆	190~199

（5）小母线编号。

在保护屏顶，大都安装有一排小母线。为方便取用交流电压和直流电源，对这些小母线，我们也要进行标号来识别。标号一般由英文字母表示，前面可加上表明母线性质的"+"、"-"、"~"号，后面可以加上表征相别的英文字母。如 +KM1 表示 I 段直流控制母线正极，1YMa 表示 I 段电压小母线 A 相，-XM 表示直流信号母线负极。小母线新旧符号及回路标号见表 5-6。

表5-6 小母线新旧符号及回路标号

序号	小母线名称	原编号 文字符号	原编号 回路标号	新编号 文字符号	新编号 回路标号
		直流控制、信号和辅助小母线			
1	控制回路电源	+KM、-KM	1、2；101、102；201、202；301、302；401、402	+、-	
2	信号回路电源	+XM、-XM	701、702	+700、-700	7001、7002
3	事故音响信号（不发遥信时）	SYM	708	M708	708
4	事故音响信号（用于直流屏）	ISYM	728	M728	728
5	事故音响信号（用于配电装置）	2SYMⅠ、2SYMⅡ、2SYMⅢ	727Ⅰ、727Ⅱ、727Ⅲ	M7271、M7272、M7273	7271、7272、7273
6	事故音响信号（发遥信时）	3SYM	808	M808	808
7	预告音响信号（瞬时）	1YBM、2YBM	709、710	M709、M710	709、710
8	预告音响信号（延时）	3YBM、4YBM	711、712	M711、M712	711、712
9	预告音响信号（用于配电装置）	YBMⅠ、YBMⅡ、YBMⅢ	729Ⅰ、729Ⅱ、729Ⅲ	M7291、M7292、M7293	7291、7292、7293
10	控制回路断线预告信号	KDMⅠ、KDMⅡ、KDMⅢ、KDM	713Ⅰ、713Ⅱ、713Ⅲ	M7131、M7132、M7G133、M713	
11	灯光信号	(-)DM	726	M726(-)	726
12	配电装置信号	XPM	701	M701	701
13	闪光信号	(+)SM	100	M100(+)	100
14	合闸电源	+HM、-HM		+、-	
15	"掉牌未复归"光字牌	FM、PM	703、716	M703、M716	703、716

续表

序号	小母线名称	原编号		新编号	
		文字符号	回路标号	文字符号	回路标号
直流控制、信号和辅助小母线					
16	指挥装置音响	ZYM	715	M715	715
17	自动调速脉冲	1TZM、2TZM	717、718	M717、M718	717、718
18	自动调压脉冲	1TYM、2TYM	Y717、Y718	M717、M718	717、718
19	同步装置越前时间	1TQM、2TQM	719、720	M719、M720	719、720
20	同步合闸	1THM、2THM、3THM	721、722、723	M721、M722、M723	721、722、721
21	隔离开关操作闭锁	GBM	880	M880	880

任务二 二次回路图的识读

引言

二次回路图的逻辑性很强，在绘制时遵循着一定的规律，看图时若能抓住此规律就很容易看懂。阅图前首先应弄通该张图所绘制装置的动作原理，及其功能和图纸上所标符号代表的设备名称，然后再看图纸。

学习目标

（1）掌握二次回路图读图的基本方法。
（2）通过识读二次回路图，提高二次回路图的读图能力。

过程描述

（1）图纸的准备。为学生准备二次回路图，熟悉图纸。
（2）图纸的识读。通过阅读二次回路图，提高二次回路图的读图能力。

过程分析

明确二次回路图中常用的概念，认真阅读理解二次回路图阅读的基本方法，经过长时间的阅读训练提高读图的综合水平。

新知识储备

一、概念说明

1. 接点的常态

接点的常态是指继电器、接触器或压力等接点的正常状态。对开关、刀闸、地刀的位置辅助接点，是指开关、刀闸、地刀在断开位置时接点的状态。对压力接点、温度接点、热继电器等，是指正常压力、正常温度、未发热等情况下的状态。对继电器或接触器，是指它们不励磁时的状态。

2. 励磁与不励磁

对于电压型线圈的继电器或接触器，指在它们的线圈两端施加足够大的电压，能使其接点分、合状态发生改变的状态。对于电流型线圈的继电器或接触器，指在它们的线圈通过足够大的电流，能使其接点状态发生变化的电压。

3. 接点动作与不动作

接点处于常态，叫接点不动作。如因设备的继电器或接触器励磁，或者压力改变、温度改变等，导致接点的分、合状态不同于常态，叫接点动作。

二、看二次回路图的基本方法

二次回路图的逻辑性很强，在绘制时遵循着一定的规律，看图时若能抓住此规律就很容易看懂。阅图前首先应弄通该张图所绘制装置的动作原理，及其功能和图纸上所标符号代表的设备名称，然后再看图纸。

（1）先看一次，后看二次。

一次：断路器、隔离刀闸、电流、电压互感器、变压器等。了解这些设备的功能及常用的保护方式，如变压器一般需要装过电流保护、电流速断保护、过负荷保护等，掌握各种保护的基本原理；再查找一、二次设备的转换、传递元件、一次变化对二次变化的影响等。

（2）先交流、后直流。

先交流、后直流是指先看二次接线图的交流回路，从一个回路的火线 A、B、C 相开始，按照电流的流动方向，看到中性线（N 极）为止。把交流回路看完弄懂后，根据交流回路的电气量向直流逻辑回路推断，再看直流回路。直流回路从正极到负极，例如控制回路、信号回路等。从一个回路的直流正极开始，按照电流的流动的方向，看到负极为止。一般说来，交流回路比较简单，容易看懂。

(3) 交流看电源，直流找线圈。

交流看电源，直流找线圈是指交流回路要从电源入手。交流回路由电流回路和电压回路两部分组成。先找出它们是由哪些电流互感器或哪一组电压互感器来的，在这两种互感器中传变的电流或电压量起什么作用，与直流回路有什么关系，这些电气量是由哪些继电器反映出来的，它们的符号是什么。然后，再找与其相应的接点回路。这样就把每组电流互感器或电压互感器的二次回路中所接的每个继电器一个个地分析完，看看它们都用在什么回路、跟哪些回路有关；在头脑中有个轮廓，再往下看就容易看了。

(4) 见接点找线圈，见线圈找接点。

见到接点，就要找到控制该接点的继电器或接触器的线圈位置。线圈所在的回路是接点的控制回路，用以分析接点动作的条件。见线圈要找出它的所有接点，以便找出该继电器控制的所有接点（对象）。

(5) 看完所有支路。

当某一回路，从正极往负极看时，如中间有多个支路连往负极，则每个支路必须看完，否则分析回路就会漏掉部分重要的信息。

(6) 用设备的实际状态（现场能看到的设备状态）来描述回路或继电器的动作条件。

先以回路的接点分、合状态来描述回路的条件，然后根据接点的分、合状态与设备的状态的对应关系，替换描述（如用"远方/现地"切换把手在"远方"位置来代替在远方控制回路中的接点状态，与运行中设备状态的监视和操作结合起来）。

三、识图步骤

1. 阅读设备说明书。

阅读设备说明书，目的是了解设备的机械结构、电气传动方式、对电气控制的要求、设备和元器件的布置情况，以及设备的使用操作方法、各种按钮、开关等的作用。

2. 看图纸说明。

看图纸说明，搞清楚设计的内容和施工要求，就能了解图纸的大体情况，抓住看图的要点。图纸说明包括图纸目录、技术说明、设备材料明细表、元件明细表、设计和施工说明书等，由此对工程项目的设计内容及总体要求做个大致了解，有助于抓住识图的重点内容。

3. 看电气原理图。

为了进一步理解系统或分析系统的工作原理，需要仔细地看电路图。看电路图时要分清主电路和辅助电路、交流电路和直流电路，再按先看主电路后看辅助电路的顺序读图。

4. 看安装接线图。

接线图是以电路为依据的，因此要对照电路图来看接线图。看接线图时，同样是先看主电路，再看辅助电路。看主电路时，从电源引入端开始，顺序经开关设备、线路到负载。看辅助电路时，要从电源的一端到电源的另一端，按元件连接顺序对每个回路进行分析。

5. 看展开接线图。

识读展开接线图时，应结合电路图一起进行。看展开图时，一般是先看各展开回路名称，然后从上到下、从左到右识读。需要注意的是，在展开图中，同一电气元件的各部件是按其功能分别画在不同回路中的（同一电气元件的各部件均标注同一项目代号，其项目代号通常由文字符号和数字编号组成）。因此，读图时要注意该元件各部件动作之间的相互联系。

6. 看平面、剖面布置图。

看电气布置图时，要先了解土建、管道等相关图样，然后看电气设备（包括平面、立体位置），由投影关系详细分析各设备具体位置及尺寸，并弄清楚各电气设备之间的相互关系，线路引入、引出、走向等。当然，由于要识读的图样类型不同，识读时的步骤也各有差异，在实际读图时，要根据图形的类型作相应调整。

四、二次回路图例分析

1. 断路器的分闸与合闸回路识读

图 5-8 为断路器的分闸与合闸回路的示例图。

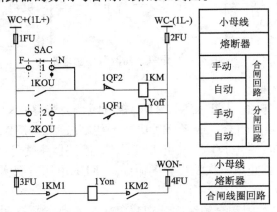

图 5-8 断路器的分闸与合闸回路

(1) 手动操作过程。

合闸操作：顺时针扭转 SAC 手柄 45°→SAC1# 触点闭合，接通合闸回路，1KM 线圈带电，动作→1KM$_1$、1KM$_2$ 触点闭合→接通合闸线圈回路，Y$_{on}$ 带电，发出合闸命令→断路器合闸→1QF$_2$ 触点断开，1KM 线圈失电。

分闸操作：逆时针扭转 SAC 手柄 45°→SAC2# 触点闭合，接通分闸回路，1Y$_{off}$ 线圈带电，发出分闸命令→断路器分闸→1QF$_1$ 触点断开，1Y$_{off}$ 线圈失电。

(2) 自动操作过程。

自动装置或继电保护出口继电器动作，触点闭合，代替 SAC 触点接通合闸回路或分闸回路，其他同手动操作过程。

(3) 综合评价。

① 该回路的跳闸和合闸线圈分别利用断路器动合触点和动断触点保证短时带电。

② 该回路能实现手动/自动操作。

③ 该回路不具备指示位置、防跳、自监视的功能。

2. 电气"防跳"闭锁电路识读

断路器在合闸过程中，出现合闸、分闸、再合闸、再分闸的现象，称为"跳跃"。图 5-9 所示为电气"防跳"闭锁电路。

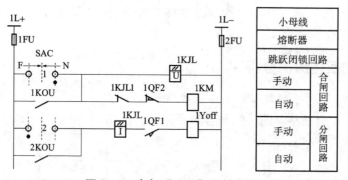

图 5-9　电气"防跳"闭锁电路

(1) 防跳原理。

手动合闸操作时，1QF 合闸，1QF$_1$ 触点闭合。若存在短路事故，保护立即动作，2KOU 触点闭合，或者 2KOU 被卡住则分闸回路接通，1KJL 电流线圈和 1Y$_{off}$ 线圈同时带电，1Y$_{off}$ 发出跳闸命令，断路器跳闸，1KJL 动作，1KJL$_1$ 断开合闸回路，禁止第二次发出合闸命令。1KJJL 电压线圈实现自保持。

(2) 综合评价。

① 该回路的跳闸和合闸线圈分别利用断路器动合触点和动断触点保证短时带电。

② 该回路能实现手动/自动操作。
③ 该回路具有防跳功能。
④ 该回路不具备指示位置、自监视的功能。

3. 灯光信号监视电路识读

为了直接监视断路器的工作状态，往往在控制台（屏）上设红、绿灯指示断路器的位置，通过灯光信号反映断路器工作情况。根据灯光类型不同又分平光信号和闪光信号两种。

（1）平光信号电路。

平光信号电路如图 5-10 所示。红灯和绿灯只发平光，不发闪光。

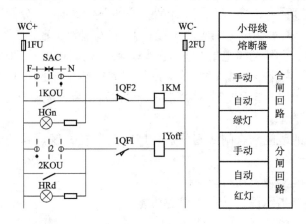

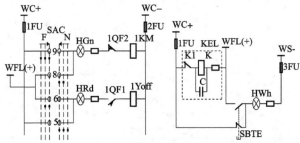

图 5-10　平光信号电路图

断路器处于分闸状态时，$1QF_2$ 闭合，接通绿灯回路，绿灯亮。这时 1KM 线圈也有灯光电流通过，但较小，不足以使衔铁动作，不会发出合闸命令。绿灯亮的意义为：断路器处于分闸位置，合闸回路完好，控制电路电源完好。

同理，断路器处于合闸状态时，红灯亮，$1Y_{off}$ 线圈带电，但不会发出分闸命令。红灯亮的意义为：断路器处于合闸位置，分闸回路完好，控制电路电源完好。

合闸操作：SAC1# 触点或 1KOU 触点闭合，短接绿灯回路，1KM 线圈全压带电动作→发出合闸命令，断路器合闸→$1QF_1$闭合，接通红灯回路，红灯亮；$1QF_2$断开，保证合闸线圈短时带电。

类似地用 SAC 触点或 2KOU 触点短接红灯回路，就会发出分闸命令，断路器分闸，绿灯亮。

（2）闪光信号回路。

红灯、绿灯既能发平光，又能发闪光，发闪光有利于事故时迅速查找出分闸断路器。红、绿灯发平光与平光信号电路相同。红灯发闪光，指示断路器自动合闸，绿灯发闪光，指示断路器故障分闸。

闪光电路利用控制开关手柄位置和断路器位置"不对应"关系启动，即手柄处在"合闸后"（"分闸后"）位置，而断路器处在"分闸"（"合闸"）位置。只需将开关手柄扭至相应的位置，就可以消除闪光。

闪光电源由于闪光继电器中电容器 C 反复充放电、中间继电器反复动作——返回，使直流小母线 WFL（+）出现周期性变化的电压。

白灯的作用为：指示控制电源完好，试验闪光装置能正常工作。

（3）综合评价。

① 该回路的跳闸和合闸线圈分别利用断路器动合触点和动断触点保证短时带电。

② 该回路能实现手动/自动操作。

③ 该回路有指示位置、自监视的功能。

④ 该回路不能实现防跳功能。

参考文献

[1] 商福恭. 电工识读电气图技巧 [M]. 北京：中国电力出版社，2006.

[2] 张宪，张大鹏. 电气制图与识图 [M]. 北京：化学工业出版社，2012.

[3] 何利民，尹全英. 电气制图与读图 [M]. 北京：机械工业出版社，2003.

[4] 朱献清. 电气技术识图 [M]. 北京：机械工业出版社，2007.

[5] 付家才. 电气控制工程实践技术 [M]. 北京：化学工业出版社，2004.

[6] 全国电气信息，结构文件编制和图形符号标准化技术委员会，中国标准出版社第四编辑室. 电气设备用图形符号国家标准汇编 [S]. 北京：中国标准出版社，2009.

[7] 赵雨生，李世林. 电气制图使用手册 [M]. 北京：中国标准出版社，2000.

[8] 赵清，于喜洹. 新电工识图 [M]. 福州：福建科学技术出版社，2005.